HEICHOU SHUITI
ZHILI JISHU
JI DIANXING ANLI

黑臭水体
治理技术及典型案例

卢少勇 ▸ 等编著

·北京·

本书内容紧紧围绕《水污染防治行动计划》（“水十条”）对黑臭水体的治理要求，分析我国黑臭水体的现状；介绍了黑臭水体的概念、致黑致臭机理以及黑臭水体的危害；系统地介绍了黑臭水体的整治原则、治理的基本思路以及治理技术和措施；分析总结了国内外针对典型城市河道黑臭水体现象进行治理的工程案例，汲取了黑臭水体防治的经验和教训，通过理论与实际工程相结合，为我国城市河道黑臭水体的整治提供可借鉴的理念、经验及技术路线。

本书具有较强的技术性和实践性，可供从事河流环境污染控制与修复等工程的技术人员、科技人员和管理人员参考，也可供高等学校环境工程、市政工程及相关专业师生参阅。

图书在版编目（CIP）数据

黑臭水体治理技术及典型案例/卢少勇等编著. —北京：化学工业出版社，2019.4（2023.1 重印）

ISBN 978-7-122-33977-5

Ⅰ.①黑… Ⅱ.①卢… Ⅲ.①城市污水处理-案例-中国 Ⅳ.①X703

中国版本图书馆 CIP 数据核字（2019）第 035265 号

责任编辑：刘兴春 刘兰妹　　装帧设计：史利平
责任校对：边 涛

出版发行：化学工业出版社（北京市东城区青年湖南街 13 号 邮政编码 100011）
印　　装：涿州市般润文化传播有限公司
710mm×1000mm 1/16 印张 11½ 彩插 4 字数 176 千字
2023 年 1 月北京第 1 版第 5 次印刷

购书咨询：010-64518888　　售后服务：010-64518899
网　　址：http://www.cip.com.cn
凡购买本书，如有缺损质量问题，本社销售中心负责调换。

定　　价：78.00 元

《黑臭水体治理技术及典型案例》编委会

我国近几十年来城镇化和工业化进程加快，但城市尤其是村镇的配套收集与处理设施建设未跟上，使一些城市尤其是中小城镇的水体直接成为工业废水、农业废水及生活污水的主要排放通道和场所，大量污染物排入河湖，水体中化学需氧量（COD）、氮（N）、磷（P）等污染物浓度超标严重，导致城市水体大面积污染，出现季节性或终年黑臭，严重影响了城镇生活环境和形象。城镇水体黑臭已经成为继雾霾之后公众关注度较高的问题之一，其治理势在必行。

我国水体黑臭现象最早出现在上海苏州河，随后南京秦淮河、苏州外城河、武汉黄孝河和宁波内河等均出现不同程度黑臭现象。近几十年来，水体黑臭的范围和程度不断增加，据住房和城乡建设部会同环保、水利和农业等部门统计，截至2016年2月16日，全国295座地级及以上城市中，仅有77座城市未发现黑臭水体；其余218座城市中共排查出黑臭水体1861个；其中，河流1595条，占85.7%，总长度约5596km；湖、塘266个，占14.3%；重度污染水体数量占比则达33.5%。截至2017年8月24日，全国各省共认定城市黑臭水体2100个，相比2016年增加了239个。从各省份看， 60%以上的黑臭水体依旧分布在广东省、安徽省、湖南省、山东省、江苏省、四川省、湖北省和河南省等东南沿海及经济相对发达的地区；其中，广东省黑臭水体数量最多，以243个居首位，安徽省和湖南省以217个及170个分列第二位和第三位。从地域分布看，黑臭水体主要集中在中南地区和华东地区，各有黑臭水体778个和709个，共占全国黑臭水体个数的70.81%，整体上呈南多北少、东多西少的态势。城市黑臭水体大面积出现，造成我国很多城市河道、湖泊景观效果变差，生态环境问题日益凸显;同时，水源水质下降，导致污水处理成本增加，严重影响我国城市健康发展。因此，加强水资源保护，治理城市黑臭水体刻不容缓。

自《水污染防治行动计划》（以下简称“水十条”）和《城市黑臭水体整治工作指南》颁布以来，黑臭水体的整治工作在全国大力推进，各地政府高度重视、积极落实、全力推进黑臭水体整治工作，目前，黑臭水体的整治已初见成效。但因黑臭水体成因复杂，基础数据匮乏，影响因素较多，对黑臭水体的治理缺乏科学、系统的治理思路，导致水环境质量改善不明显，整治效果不理想；黑臭反复出现，不能从根本上消除黑臭。如何正确认识黑臭水体，科学分析其成因，综合考虑多种措施提出“一河一策”，对于加快黑臭水体治理和水环境改善及保障水环境安全具有重要意义。

本书紧紧围绕“水十条”对黑臭水体的治理要求，结合编著者多年黑臭水体治理经验以及多项相关科研成果，并参考有关文献，结合国内外黑臭水体治理工程案例编著而成。全书共分为 4 章：第 1 章是黑臭水体概述，分析了我国黑臭水体的现状，阐述了黑臭水体的成因以危害；第 2 章是黑臭水体调查、评价与原因分析，根据当前国家出台的相关治理标准及技术规范，并结合相关案例阐述了黑臭水体具体的调查、评价及成因分析步骤；第 3 章是黑臭水体治理技术介绍，介绍了黑臭水体整治的原则和常用技术，剖析了黑臭水体治理的常见误区，阐述了黑臭水体整治的基本思路；第 4 章是黑臭及重污染水体治理案例分析，分析了国内外黑臭水体治理经典案例所采用的相关技术、治理方案及修复成效。本书将黑臭水体治理与管理的基础理论与应用实践相结合，在城市黑臭水体整治方面具有一定的参考价值和指导意义，有助于促进我国城市黑臭水体治理和长效管护工作的健康发展，在有效改善我国城市水环境质量的同时加快城市化发展。

本书是研究团队集体智慧的结晶，在卢少勇研究员的指导下完成。本书主要由中国环境科学研究院卢少勇、毕斌、陈方鑫等编著；北京化工大学的张婷婷和王晓慧编著了黑臭水体治理案例分析等内容，另外王晓慧还参与编著了书中黑臭水体治理技术的部分内容。同时，感谢“深圳市铁汉生态环境股份有限公司”项目组所有成员在海口市龙昆区典型水体水环境治理工程中的付出与支持；感谢北京桑德环境工程有限公司提供了海口市福创溪与美舍河的案例。

限于编著者水平及编著时间，书中存在不足和疏漏之处在所难免，敬请读者提出批评和修改建议。

编著者

2019 年 2 月于北京

目录
CONTENTS

第1章 黑臭水体概述

1.1 我国黑臭水体现状

自古至今，城市形成和发展皆因水而生，因水而兴，因水而美。城市水体是城市生态系统的重要组成部分，具有保持水土、涵养水源、调节温湿度、改善城市气候、美化人居环境等多种功能[1]。但因我国近几十年来城镇化和工业化进程加快，城市污水管网及污水处理厂等基础配套设施的建设未能及时跟上，使一些城市水体，尤其是中小城镇水体直接成为工业废水、生活污水及农业排水的主要排放通道和场所[2]，大量污染物入河，水体中化学需氧量（COD）、氮（N）、磷（P）等污染物超标严重，导致城市水体大面积污染，引起水体富营养化，更严重的情况是水体出现季节性或终年黑臭[3]，严重影响城市生活环境和形象，也给周边群众带来了极差的感官体验。黑臭水体已成为老百姓看得见、反映较强烈的问题，已经成为继雾霾之后公众关注度较高的问题之一，也是七大污染攻坚战之一，其治理势在必行[2]。

我国河流黑臭现象最早出现在上海市苏州河，随后南京秦淮河、苏州外城河、武汉黄孝河和宁波内河等均出现了不同程度黑臭[4]。近几十年来，水体黑臭的范围逐渐增加、程度不断加剧，在全国大部分城市河段中，流经繁华区域的水体绝大部分受到不同程度的污染，尤其是各大流域的二级、三级、……、N 级支流的黑臭问题更突出，且劣化程度逐年加重[4~6]。根据住房和城乡建设部（住建部）会同环保、水利和农业等部门统计，截至 2016 年 2 月 16 日排查表明，全国295座地级及以上城市中，有77座城市未发现黑臭水体；其余218座城市中，共排查出黑臭水体1861个；其中，河流1595条，占85.7%，总长度约5596km；湖、塘266个，占14.3%；重度污染水体数量占比则达到33.5%。从地域分布来看，南方地区有1197个，占64.3%，北方地区有664个，占35.7%，总体上南多北少；从省份看，60%的黑臭水体分布在广东省、安徽省、山东省、湖南省、湖北省、河南省和江苏省等东南沿海及经济相对发达的地区，其中，广东省的黑臭水体数量最多，以242个居首位；安徽省和山东省以217个及159个分列第二位、第三位［见文后彩图1（a）］。根据住房和城乡建设部与环境保护部（现生态环境部）联合的“全国城市黑臭水体整治监管平台”数据显示，截至2017年8月24日，全国各省共认定城市黑臭水体2100个，相比2016年增加了239个。从各省份看，60%以上的黑臭水体分布在广东省、安徽省、湖南省、山东省、江苏省、四川省、湖北省和河南省等东南沿海、经济相对发达的地区，其中，广东省黑臭水体数量最多，以243个居首，安徽省和湖南省以217个及170个分列第二和第三［见文后彩图1（b）］；从地域分布看，黑臭水体主要集中在中南和华东地区，各有黑臭水体778个和709个，共占全国的70.81%，整体上呈南多北少、东多西少的态势（见文后彩图2）。城市黑臭水体大面积出现，造成我国很多城市河道景观效果变差，生态环境问题日益凸显；同时，水质下降，导致净化成本增加，严重影响我国城市良好发展[7]。因此，加强水资源保护，治理城市黑臭水体，实现短期内不黑不臭以及长期水质稳定改善，刻不容缓。

2015年4月国务院发布的《水污染防治行动计划》[8]（以下简称“水十条”）对黑臭水体问题提出了明确的要求，到2017年年底前，地级及以上城市实现河面无大面积漂浮物、河岸无垃圾、无违法排污口，直辖市、省会城市和计划单列市建成区基本消除黑臭水体；到2020年，我国地级及以上城市建成区黑臭水体均控制在10%以内；到2030年，城市建成区黑臭水体总体得到消除。2015年8月，住房和城乡建设部发布了《城市黑臭水体整治工作指南》（以下简称“指南”）[9,10]，其目的是指导城市黑臭水体整治工作。

自“水十条”和“指南”颁布以来，黑臭水体的整治工作在全国大力推进，各地政府高度重视、积极落实、全力推进黑臭水体整治工作。目前，黑臭

水体的整治已初见成效，据住房和城乡建设部全国城市黑臭水体整治信息平台统计（见图1-1），截至2017年8月，已经完成整治的黑臭水体达794个，正在治理和制定方案中的分别为656个和642个，但仍未启动治理工作的尚有8个。截至2018年1月30日，全国要求在2017年消除的黑臭水中，显示“尚在治理中”的有789个，“方案制定中”的有190个，未完成率接近1/2[11]。西宁、成都、昆明、合肥、乌鲁木齐、沈阳、杭州已在2017年年底完成所有建成区黑臭水体治理，率先拿到满分。就现状而言，我国黑臭水体整治已经初见成效，但其形势依然严峻，整治速度仍需加快，整治力度也有待加强。

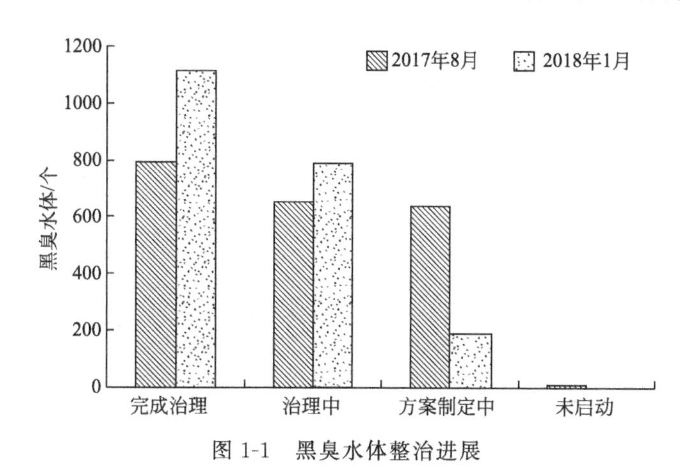

图1-1 黑臭水体整治进展

广泛存在的黑臭水体已成为我国城市水环境普遍存在的问题之一，其中的污染物会通过食物链传递，影响植物、动物和人类，不仅破坏了原有水生态系统，还在不同程度上威胁人类生产和生活。因此，要正确认识和对待黑臭水体污染问题，并采取相应有效的措施，修复和改善城市水环境污染问题，为我国城市化进程的不断推进提供保障。

1.2 黑臭水体的定义

对黑臭水体的定义多以溶解氧（DO）、臭阈值、透明度（SD）和色度4个指标进行水体质量考量，有一项不达标的水体就被称为黑臭水体；有学者[12]指出水体黑臭是一种极端水污染状态，是水体中有机物氧化分解的生化现象；2015年《城市黑臭水体整治工作指南》[9,10]将其定义为：城市建成区内，呈现令人不悦的颜色和（或）散发令人不适气味的水体的统称。

黑臭水体的实质是有机污染的一种极端现象，应包括外在视觉感官和黑臭内涵两个方面，且具有如下特点[13～17]。

① 水体有机污染较严重，有的兼具明显的富营养化特征；水体中 DO 含量较低，SD 较差，氨氮含量较高；沉积物具较强还原性。

② 颜色呈黑色或泛黑色，具差或极差感官体验。

③ 散发刺激气味，引起人们不愉快甚至厌恶。

④ 水体功能严重退化，水生生物不能生存甚至灭绝，食物链断裂，食物网破碎，生态系统结构严重失衡。

⑤ 致黑物质，包括：a. 吸附于悬浮颗粒的不溶性物质（Fe、Mn、S 及 FeS、MnS）；b. 溶于水的带色有机化合物。

⑥ 致臭物质，包括：a. 甲硫醇（CH_3SH）、硫化氢（H_2S）和氨气（NH_3）(厌氧细菌产生)；b. 乔司脒（geosmin，$C_{12}H_{22}O$）和 2-甲基异崁醇（2-MIB，$C_{11}H_{20}O$）(好氧细菌产生)。

1.3 黑臭水体的成因

1.3.1 黑臭水体污染成因

1.3.1.1 有机污染物大量和持续入河

有机污染物入河是水体黑臭现象的主要原因之一，随着城镇化和工业化的发展，城市的规模、人口，工业企业的规模、数量都在不断增加，污水的排放量逐年增加且相对集中，但排水管网及污水处理厂等截污治污设施相对落后，污水处理能力不足，致使有的地方工业污水经简单处理后和生活污水直接排入城市河道，直接造成水体的污染[18]。加上城市地表径流污染负荷较高，下雨时大量雨污混合水入河，大量污染物被排入水体。进入水体中的有机污染物主要包括有机碳污染源［化学需氧量（COD）、生化需氧量（BOD_5）］、有机氮（Org-N）污染物（氨氮）及含磷（P）化合物[17]，这些污染物主要来自废/污水中的糖类、蛋白质、氨基酸和油脂等有机物的分解，在分解过程中因消耗了大量的DO造成水体缺氧，厌氧微生物大量繁殖并分解有机物产生大量致黑致臭物质（如CH_4、H_2S、NH_3等），引起水体发黑发臭。大多数有机物富集在水体表面，形成有机物膜，会破坏正常水气界面交换，从而加剧水体发黑发臭[17~19]。

1.3.1.2 底泥污染及其再悬浮

底泥再悬浮是水体黑臭的重要原因之一。底泥是水体中各种污染物的源和汇，既可以接纳污染物，也可以向水体中释放污染物，是水体重要的内源污染物。在水力冲刷、风浪、人为扰动及生物活动影响下引起底泥再悬浮，经过一系列的物理-化学-生物综合作用后，吸附在底泥颗粒物上的污染物与孔隙水交换，向水体中释放污染物，造成水体二次污染，大量悬浮颗粒物漂浮在水中，导致水体发黑发臭；另外，底泥为微生物生活提供了良好生存空间，其中放线菌和蓝藻通过代谢使底泥甲烷化和反硝化，导致底泥上浮及水体黑臭。陆桂华[20]等针对太湖地区发生的局部水体黑臭现象，通过实地监测与资料分析，表明局部水体黑臭形成区域的分布与太湖底部淤泥集中区域位置基本一致，并进一步指出，湖泊中藻类大量繁殖后发生死亡沉降，藻类有机质大量堆积是底泥的主要成分，也是局部黑臭水体的发生基础。

1.3.1.3 水体热污染

城市水体常会接纳大量的工业冷却水（火力发电厂、核电站钢铁厂等）、污水处理厂退水、居民日常生活污水及石油、化工和造纸等工厂排出的生产性废水等，这些废水中均含有大量的废热，引起水体热污染，导致局部甚至整个水体水温升高，水体DO含量降低，部分毒物毒性浓度提高，鱼类死亡及水体生态环境严重退化。另外，水体中微生物在适宜水温下发生强烈活动，导致水体中大量有机物分解，降低DO含量，释放各种发臭物质。水体常在夏季出现黑臭，其出现频率显著多于冬季[21,22]，主要原因是：a. 微生物活动频率与温度呈显著正相关；b. 水体中DO含量随温度升高而降低。

有研究表明[23]，水体温度低于8℃或高于35℃时，放线菌分解有机物产生致黑致臭物质的活动受限制，一般不黑臭，而在25℃时放线菌繁殖量最高，水体黑臭程度也最高。

1.3.1.4 不利的水动力条件

水动力条件对污染物的迁移、扩散起关键作用。水动力学条件不足、水循环不畅也会引发城市水体黑臭，诸如河道水量不足、流速低缓及河道渠道化、硬质化等都可能导致河道黑臭。因河道水流不畅，导致水中藻类浓度过高，水体出现霉臭；或因河道流水不畅，形成死水，复氧能力衰退，自净能力削弱，导致水体环境恶化[24]。同时河道渠化、硬化，割裂了土壤与地表水体的渗透关系，阻断了地表水体自然循环过程，加剧了污染物积累，水体自净能力显著减弱，水体恶化敏感性增强，导致水体黑臭[22]。

1.3.1.5 监管力度不够

从目前情况看，我国的环境监管能力总体仍较薄弱。人员编制不足，据调研，全国区县级环境监测机构平均 16 人，均低于《全国环境监测站建设标准》中三级标准；全国区县级环境监察机构平均仅为 18 人，农村基层环境监管几乎处于“空白”状态[25]，难以适应农村环境监测工作需要，难为执法提供依据。目前流域管理机构本身属事业单位，行政权力十分有限，在实际工作中很难发挥相应职能；且部门间协调不畅，跨区域执法难度较大，流域水环境管理十分薄弱，流域机构决策和协调能力明显不足[26]。各级环境监管机构缺乏有效监管手段，现行法律中规定的执法行政处罚手段主要有 6 种（包括罚款、限期治理、警告、停产停业、吊销证书和行政处分），但环境保护部门对违法者只有罚款权力，导致 6 种执法行政处罚手段中罚款的使用频率最高，占全部处罚手段的 60%[26]。对环境违法行为的惩罚力度较轻，形成“守法成本高、执法成本高和违法成本低”的状况。环保执法呈“无法可依，有法不依，执法不严，违法不究，选择性执法”现象[26]。

1.3.1.6 其他

(1) 上游污染

上游污染负荷对下游水体有两方面影响：一是已经受到污染的水体（河

道）无法通过上游清洁来水进行水质的恢复；二是已治好的河道（例如水和底泥）可能会再次被上游污水污染，加剧城市河道的黑臭程度。

（2）潮汐的影响

一些河段直接入海或距离入海口较近，涨潮时可能带来较高的污染负荷，例如高浓度的悬浮物以及一些垃圾，一方面是在退潮之前的高污染负荷，另一方面是在落潮时难以被完全带走，导致污染物长时间在河道内回荡，同时上游挟带的各种污染物无法排出而沉积于河道底泥中，长年累月容易引发黑臭。此外，涨潮会导致水中盐度上升，导致河湖水盐度发生变化，影响河湖中原有的水生态系统的物种类型以及自净能力等。

（3）水系结构不合理

因城市发展、市政建设或其他历史原因，存在许多断头浜和淤塞型河道，甚至断流河段，水系连通性差。另外，河道沿岸存在许多的排污口和排污沟，使河道的水系结构变得复杂，加大治理难度。

（4）水体功能被异化

由于历史原因，一些大城市的老城区采用合流制，导致雨污混流，加上城市人口增速快，排水管网及污水处理厂等截污治污设施的建设跟不上，使城市周边的部分河道水体功能变化为接纳污水和雨水的通道，水体功能被严重异化。

1.3.2 黑臭水体形成的化学机理

1.3.2.1 致黑机理

水体致黑原理主要有以下2种。

① 以固态或吸附于悬浮颗粒上而存在于水体中的不溶性物质（直径＞0.45μm）。水体中颗粒状有机物一般并不以单一状态存在，而是与无机颗粒物结合成为复合体，同时颗粒物能吸附水体中大量有机、无机微粒物质——主要由泥沙、黏土、原生动物、藻类、细菌、病毒及高分子有机物等组成，并悬浮水中，使水体浑浊。其沉积物还会在厌氧分解产生的气体或气泡托浮作用下，重新进入水体，加上其他因素协同作用，对水体也起致黑作用[18]。

② 溶于水中的腐殖质类有机化合物，水体腐殖质来自土壤腐殖质、水生

植物和低等浮游生物的分解产物经过长期的物理、化学和生物作用而形成的复杂有机物。呈多孔疏松海绵结构，有很大表面积，作为自然胶体，具有大量羧基、羟基、醌基、甲氧基和氨基等官能团及吸附位，能通过氢键、π键、范德华力等物理化学作用对各种阳离子或基团，尤其对一些极性有机化合物或极性基团产生吸附或结合，与水体中的污染物形成“络合体”；因含多种基团，能吸收不同波段的波长，使水体着色，降低SD，影响微生物对水体中有机物的降解。

罗纪旦等[27]通过试验表明，水体发黑与悬浮颗粒直接相关，悬浮颗粒中致黑物质主要为腐殖酸和富里酸。应太林等[28]通过对“苏州河水体黑臭机理及底质再悬浮对水体的影响”的研究表明：水体发黑主要与吸附了FeS带负电胶体的悬浮颗粒有关，腐殖质是吸附物或络合物的主要成分，并进一步证实了Fe^{2+}在致黑方面的主导作用。Ding等[29]也通过试验证明，水体发黑主要与吸附了FeS的带电胶体悬浮颗粒有关。卢信等[30]通过研究表明，有机物只要达到一定负荷水平（1.0g/L），对水体均有致黑作用，但含硫有机物相比不含硫有机物能在更短时间内导致水体变黑，且水色更深。因此，从致黑物质的元素形态组成方面看，主要指Fe、S及其化合物FeS。

图1-2为铁元素（Fe）在自然河道水体中的形态转化过程[31]。铁主要有+2价和+3价两种价态。在不同氧化还原条件下，形态间会相互转化。通常将水体分成3个反应带，即好氧带、厌氧带及活性反应带。活性反应带位于好

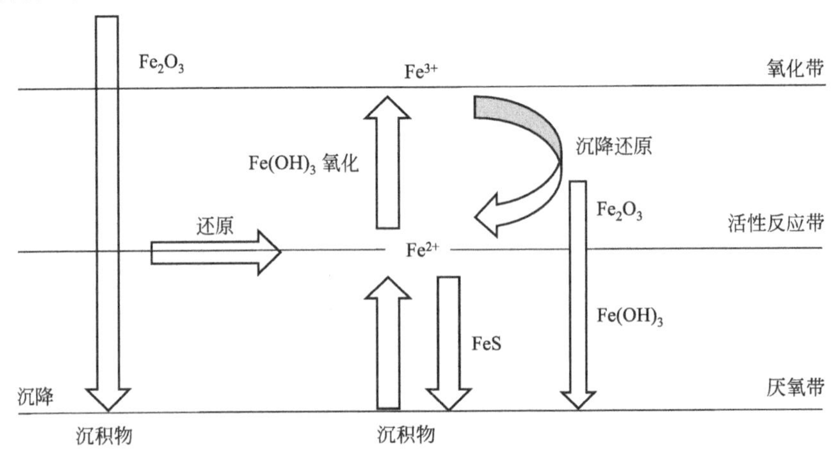

图1-2 铁（Fe）在自然河道水体中的形态转化过程

氧带和厌氧带交接区，是 Fe^{3+} 还原和 Fe^{2+} 氧化的主要反应带；在此反应带内，反应由好氧氧化向厌氧还原过渡，氧化还原电位（ORP）变化剧烈。研究表明自然界 Fe 主要以铁氧化物和氢氧化物形式进入水体，经好氧带、活性反应带和厌氧带，最终沉于水底。在经活性反应带和厌氧带时，可能有部分被还原成 Fe^{2+}。水底以厌氧环境为主，铁主要以 Fe^{2+} 形式存在，水体尤其是底部溶解性 Fe^{2+} 浓度逐渐增高并累积。随底层水与上层水交换，有关 Fe^{2+} 物质会扩散，Fe^{2+} 在上升过程中进入活性反应带和氧化带，重新被氧化成 Fe^{3+}。重力作用下不溶性 Fe^{3+} 物质下沉，在厌氧环境中再次被有机质还原溶解，从而完成铁价态转化的循环[18,32,33]。在未出现黑臭污染现象的自然水体中，好氧带、活性反应带和厌氧带 3 个分层较合理，铁离子形态转换循环能正常进行，而在出现黑臭现象的水体中，因大量有机物等耗氧物质进入，水体 DO 含量降低，好氧带、活性反应带和厌氧带的合理分层被破坏，活性反应带向水体上层移动，且厚度缩小，而厌氧带厚度增大。在某些发生严重黑臭现象的水体中，活性反应带被移到水面甚至消失，因而整个水体普遍呈厌氧还原状态，此时 Fe 循环被完全破坏。Fe^{3+} 进水体后在厌氧带被还原成溶解态 Fe^{2+}，Fe^{2+} 在水体交换上升过程中，未被氧化成 Fe^{3+}。随 Fe^{3+} 转化反应进行，Fe^{2+} 在水体中不断积累，浓度渐增，与厌氧状态下产生的 H_2S 结合成 FeS。FeS 为黑色沉积物，部分悬浮在水体，部分沉于水底，使水体呈黑色。

图 1-3 为硫（S）在水体中的转化过程[32]。随地表径流进入水体中的含硫污染物主要是硫酸盐和有机硫，有机硫化物一部分在微生物作用下形成简单的无机硫，包括 H_2S、S 和硫酸盐等形式（主要是 H_2S）；另一部分则沉降进入底层沉积物。硫酸盐在水体缺氧环境下和硫酸盐还原细菌作用下，最终还原为 H_2S。H_2S 向上扩散到水体的活性反应带和氧化带，被氧化生成硫酸盐及中间价态硫类物，也可与矿物或水体中 Fe 反应以 FeS 形式沉淀，或进一步反应形成黄铁（FeS_2）进入沉积物。H_2S、硫酸盐能被植物、藻类和微生物同化到含硫蛋白质和生化物质中成为有机硫。未受重污染的水体中的硫形态转化途径畅通。与 Fe 类似，当大量有机物等耗氧物质进入水体后，水体 DO 下降到一定程度后，有机硫分解和硫酸盐还原产生的 H_2S 继续氧化耗氧，使水体中 DO 再减少，甚至降为零，整个水体呈厌氧还原态。此时，仅少数微生物能同化 H_2S，大多情况下 H_2S 等都需先转变为硫酸盐才能固定为有机硫化合物。未

被氧化和同化的 H_2S，部分与水体中 Fe^{2+} 等形成 FeS，FeS 是黑色沉积物，水体中微小的悬浮物会吸附部分 FeS，而部分沉积于水底的 FeS，沉积物还会在厌氧分解产生的气体或气泡托浮作用下，重新进入水体，再加上其他因素的协同，使水体呈黑色。

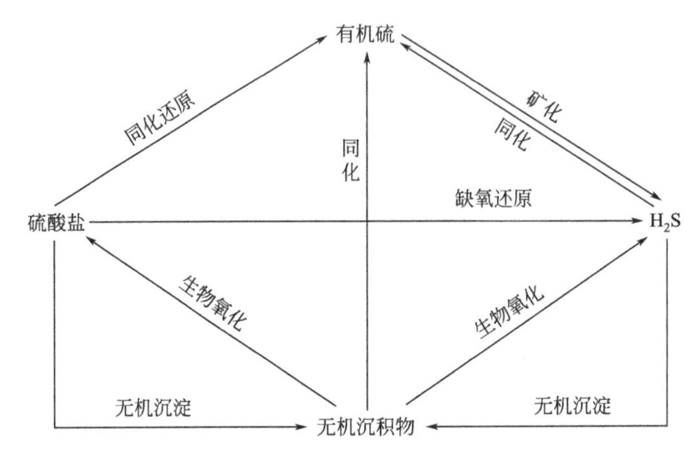

图 1-3　硫（S）在水体中的转化过程

在不同厌氧微生物参与下发生以下反应：

含硫蛋白质 $\longrightarrow$ 半胱氨酸 + H_2 $\longrightarrow$ $H_2S + NH_3 + CH_3CH_2COOH$

$$SO_4^{2-} + \text{有机物} \longrightarrow H_2S + H_2O + CO_2$$

$$Fe(OH)_3 \longrightarrow Fe^{2+}$$

$$Fe + H_2S \longrightarrow FeS$$

1.3.2.2　致臭机理

根据不同产臭途径和致臭物质，致臭机理大致分为以下 3 种。

（1）H_2S、NH_3 等小分子气体致臭

当水体受严重有机物质（主要是糖类、蛋白质、油脂、氨基酸和酯类等）污染时有机物好氧分解，使水体中耗氧速率>复氧速率，造成水体缺氧。在缺氧水体中，产臭过程会与致黑同步，有机物厌氧分解产生甲烷（CH_4）、硫化氢（H_2S）和氨（NH_3）等具异味和易挥发的小分子化合物，溢出水面，进入大气，因而散发臭味。有学者[29] 研究认为，水体发臭主要为含硫（S）、氮（N）等有机物分解时逸出的 H_2S 和 NH_3 等所致。此外，有机物在分解过程中

还产生低碳脂肪酸及胺类等。

H_2S、NH_3 等在水体中发生如下反应：

$$HCOOC(NH_2)HCH_2SH + 2H_2O \longrightarrow CH_3COOH + HCOOH + NH_3 + H_2S$$

$$C_6H_{12}O_6 \longrightarrow 2CH_3COCOOH + 4H \longrightarrow 2CH_3CHOHCOOH$$

此外，当水体受有机碳（Org-C）与有机氮（Org-N）及有机磷（Org-P）污染时，无论其中 DO 是否充分，在适合水温下都将受放线菌或厌氧微生物降解，排放出不同种类的发臭物质，引起水体不同程度发臭。

（2）硫醚类化合物致臭

通过分析腐殖物质，从腐殖酸、富里酸的水解产物中得到近 20 种氨基酸和大量游离氨，这些氨基酸在水体中以脱氨基与脱羧酸作用以及某些细菌如变形杆菌分解含硫氨基酸，在产生大量的游离氨的同时，也产生大量具臭味的硫醚类化合物等，导致水体发臭[34]。

挥发性有机硫化物（volatile organic sulfur compounds，VOSCs）被证实为主要的致臭物质。研究[35,36] 认为，甲硫醇（MeSH）、二甲基硫醚（DMS）、二甲基二硫醚（DMDS）、二甲基三硫醚（DMTS）以及二甲基四硫醚（DMTeS）是黑臭水体的主要致臭物质。卢信等[30] 研究认为，只有含硫有机物才具有致臭作用，并确定蛋氨酸（methonine）为 VOSCs 的主要前驱物。

（3）乔司脒和 2-二甲基异莰醇致臭

当水体处于厌氧状态或营养盐相对较高时水体中存在大量放线菌、藻类和真菌，其新陈代谢过程中会分泌多种醇类异臭物质。土臭素，包括乔司脒（Geosmin，$C_{12}H_{22}O$）和 2-二甲基异莰醇（2-MBI，$C_{11}H_{20}O$），是国内外研究中普遍认为导致水体发臭的主要物质之一。Gerber[37,38] 于 20 世纪 40 年代先后从放线菌的发酵液中提取到乔司脒和 2-二甲基异莰醇，因此放线菌最初被认为是臭味化合物的主要来源。

随后，人们注意力转向藻类，主要是蓝藻，如颤藻（*Oscillatoria*）、旋藻（*Lyngbya*）、席藻（*Phormidium*）和鱼腥藻（*Anabaena*），随后不断有学者证实一些真核藻类，如硅藻也是乔司脒和 2-二甲基异莰醇的重要来源[39,40]。乔司脒和 2-MBI 在较低浓度下就能导致天然水体发臭，其发臭阈值分别是 4ng/L 和 9ng/L[41]。

1.4 黑臭水体的危害

目前，黑臭水体已成为我国城市水环境普遍存在的问题之一。黑臭水体不仅降低城市美观、损坏城市景观、恶化饮用水源地水质，而且威胁人体健康，其危害主要有以下几种。

① 破坏水体生态系统，损坏城市景观。城市河流是城市景观和生态环境的重要组成部分，黑臭水体臭气熏天、浮游生物丛生、水面上漂浮大量垃圾，污水流过的沙滩，留下不少黑色沉积物，破坏周边景色，使人群避而远之，并损害整个城市形象，影响城市旅游开发，限制城市自身发展甚至影响城市声誉。

② 危害市民身体健康。沿河湖流域的地区和城市因河湖水被污染，居民饮用水安全受重大威胁，一些城市的自来水已不符合严格饮用水标准，对人体健康存在潜在危害。黑臭水体散发的难闻气味会刺激人类呼吸系统，使人厌食、恶心、呕吐、甚至头晕和头痛，严重时可损伤中枢神经系统。

③ 易滋生致病微生物导致大规模疾病暴发，严重危害流域周边居民身体健康。有研究表明，黑臭水体周围空气中存在微生物污染风险。对不同时间段、不同距离空气微生物取样结果表明：对短期暴露在黑臭水体 100m 范围内的儿童健康危害最大，风险远高于成人[42]（见图 1-4）。

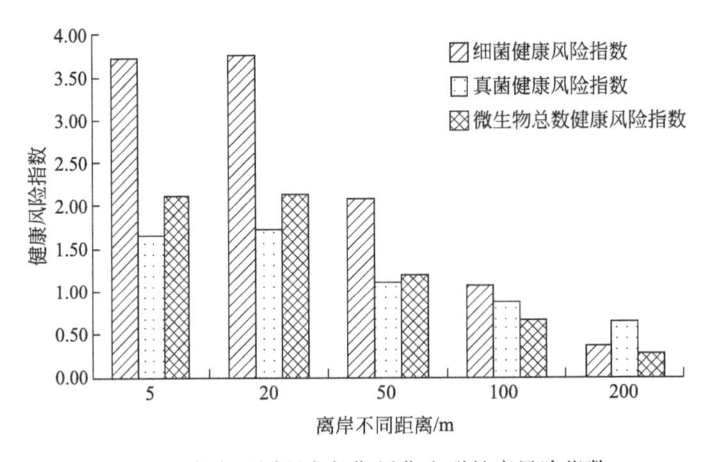

图 1-4 离岸不同距离长期居住人群健康风险指数

空气中微生物主要通过呼吸途径进入人体。

$$ADD_{inh}=C\ln(hR)E_F E_D/(B_W A_T)$$

式中 ADD_{inh}——呼吸吸入量；

C——空气微生物浓度；

$\ln(hR)$——呼吸速率；

E_F——暴露频率；

E_D——暴露年；

B_W——平均体重；

A_T——暴露时间。

④ 危害水生生物。黑臭水体中有机质在分解过程中大量消耗水中DO，使水域呈缺氧状态，影响水体中鱼类及其他水生生物正常发育和生长，甚至引起鱼类等水生生物及需氧微生物缺氧而大量死亡。

综上所述，黑臭水体会带来各种危害，发生黑臭的水体生态系统已严重被破坏，损害了城市景观，会直接或间接影响饮用水源地水质，从而影响居民生活，危害人体健康。

参考文献

[1] 张列宇，王浩，李国文，等．城市黑臭水体治理技术及其发展趋势［J］．环境保护，2017，45（5）：62-65.

[2] 田建波，范擎虹．浅析我国黑臭水体现状及整治技术［J］．技术与市场，2016，23（8）：65-66.

[3] 赵越，姚瑞华，徐敏，等．我国城市黑臭水体治理实践及思路探讨［J］．环境保护，2015，43（13）：27-29.

[4] 熊跃辉．我国城市黑臭水体成因与防治技术政策［N］．中国环境报，2015-6-11（002）.

[5] 佚名．标本兼治 攻克黑臭治理难关［J］．环境保护，2015（13）.

[6] 艾亚．以遥感监测管理整治城市被污染水体［J］．国际融资，2017（4）：21-21.

[7] 廖伟伶，黄健盛，丁健刚，等．我国黑臭水体污染与修复技术研究现状［J］．长江科学院院报，2017，34（11）：153-158.

[8] 国务院．水污染防治行动计划［M］．北京：人民出版社，2015.

[9] 住房和城乡建设部．《城市黑臭水体整治工作指南》解读［EB/OL］．http：//www. mo-

hurd. gov. cn/zxydt/201509/t20150915 _ 224868. html
[10] 林培 .《城市黑臭水体整治工作指南》解读 [J] . 建设科技，2015 (18)：14-15.
[11] “黑臭水体治理：大限已过，成绩堪忧”，http：//news. ifeng. com/a/20180206/55833770 _ 0. shtml (2018/2/16) .
[12] Lazaro T R. Urban Hydrogy Michigan [M] . Arbor：Ann Arbor Science Publishers Inc，1979，50.
[13] 李学萌 . 黑臭水体的产生原因及综合治理研究 [J] . 当代化工研究，2016 (8)：85-86.
[14] 税永红，刘菁阳，周添，等 . 城市河道黑臭水体不同评价方法对比分析 [C] //2016 全国水环境污染控制与生态修复技术高级研讨会论文集 . 2016.
[15] “水十条” 黑臭水体治理 . 环境战略沙龙第 57 期 . http：//zt. h2o-china. com/meeting/2015/57salon/guandian. html.
[16] Pirbazari M，Ravindran V，Badriyha B N，et al. GAC adsorber design protocol for the removal of off-flavors [J] . Water Research，1993，27 (7)：1153-1166.
[17] 王旭，王永刚，孙长虹，等 . 城市黑臭水体形成机理与评价方法研究进展 [J] . 应用生态学报，2016，27 (4)：1331-1340.
[18] 蒋克彬，李元，刘鑫 . 黑臭水体防治技术及应用 [M] . 北京：中国石化出版社，2016.
[19] Xu M，Yao R H，Song L L，et al. Primary Exploration of General Plan of the Urban Blackodor River Treatment in China [J] . Chinese Journal of Environmental Management，2015.
[20] 陆桂华，马倩 . 太湖水域 “湖泛” 及其成因研究 [J] . 水科学进展，2009，20 (3)：130-134.
[21] 肖靓，赵文涛，栾敬帅，等 . 城市河道黑臭评价模型及控制技术研究进展 [J] . 安徽农业科学，2014 (26)：9116-9120.
[22] 张敏，杨芹伟 . 中心城区河道基本消除黑臭的可行性措施和对策 [J] . 上海环境科学，2004 (4)：161-163.
[23] Wood S，Williams S T，White W R，et al. Factors influencing geosmin production by a streptomycete and their relevance to the occurrence of earthy taints in reservoirs [J]. Water Science and Technology，1983，15：191-198.
[24] 尤新军，王士满 . 城市黑臭水体成因及治理思路初探 [J] . 广东化工，2017，44 (15)：224-225.
[25] 吴舜泽，逯元堂，金坦 . 县级环境监管能力建设主要问题与应对措施 [J] . 环境保护，2010 (13)：13-16.

[26] 陆新元，Daniel J. Dudek，秦虎，等．中国环境行政执法能力建设现状调查与问题分析 [J]．环境科学研究，2006，19 (b11)：1-11.

[27] 罗纪旦，方柏容．黄浦江水体黑臭问题研究 [J]．上海环境科学，1983 (5)：7-9.

[28] 应太林，张国莹，吴芯芯．苏州河水体黑臭机理及底质再悬浮对水体的影响 [J]．上海环境科学，1997 (1)：23-26.

[29] Ding Q，Tang L H，Xie D. Forming mechanism of black-odor of a campus lake [J]. Industrial Water & Wastewater，2012.

[30] 卢信，冯紫艳，商景阁，等．不同有机基质诱发的水体黑臭及主要致臭物（VOSCs）产生机制研究 [J]．环境科学，2012，33 (9)：3152-3159.

[31] Li W. The Cycle and Conversion of Iron in the Rivers and Its Relation to Water Blackening and Stink [J]．Water Purification Technology，2007.

[32] 李真，黄民生，何岩，等．铁和硫的形态转化与水体黑臭的关系 [J]．环境科学与技术，2010 (s1)：1-3.

[33] 李伟杰，汪永辉．铁离子在水体中价态的转化及其与河道黑臭的关系 [J]．净水技术，2007，26 (2)：35-37.

[34] 李相力，张鹏程，于洪存．沈阳市卫工河黑臭现象分析 [J]．环境保护科学，2003，29 (5)：27-28.

[35] Bentley R，Chasteen T G. Environmental VOSCs—formation and degradation of dimethyl sulfide，methanethiol and related materials [J]．Chemosphere，2004，55 (3)：291-317.

[36] Lu X，Fan C，He W，et al. Sulfur-containing amino acid methionine as the precursor of volatile organic sulfur compounds in algea-induced black bloom [J]．环境科学学报（英文版），2013，25 (1)：33-43.

[37] Gerber N N. A volatile metabolite of actinomycetes，2-methylisoborneol. [J]．Journal of Antibiotics，1969，22 (10)：508.

[38] Gerber N N. Geosmin，from microorganisms，is trans-1，10-dimethyl-trans-9-decalol [J]. Tetrahedron Letters，1968，9 (25)：2971-2974.

[39] Gerber N N，Lechevalier H A. Geosmin，an earthly-smelling substance isolated from actinomycetes [J]．Applied Microbiology，1965，13 (6)：935.

[40] Tsuchiya Y，Matsumoto A，Okamoto T. Volatile metabolites produced by Actinomycetes，isolated from Lake Tairo at Miyakejima (author's transl) [J]．Yakugaku Zasshi Journal of the Pharmaceutical Society of Japan，1978，98 (4)：545-550.

［41］ Pirbazari M，Ravindran V，Badriyha B N，et al. GAC adsorber design protocol for the removal of off-flavors ［J］. Water Research，1993，27（7）：1153-1166.

［42］ 刘建福，陈敬雄，辜时有．城市黑臭水体空气微生物污染及健康风险［J］．环境科学，2016，37（4）：1264-127

第2章 黑臭水体调查、评价与原因分析

2.1 黑臭水体调查

(1) 主要调查内容

现场调查内容包括调查点位 GPS 定位及位置描述，现场测定水体 SD、水深、河宽、流速、水温、DO 含量、氧化还原电位，同时观察记录水体颜色、气味、河岸类型、河床现状、周边植被及动物情况，并对污染源状况进行详细描述，包括污染源类型、位置、排口位置、排放量、污水的颜色和气味等。采集对应点位的水样和底泥样品，将其送回实验室进行分析。

(2) 植物调查

分上游、中游、下游对各河流及太白湖开展了植被调查，主要调查内容包括优势物种、植被覆盖率以及护坡类型等。

2.2 黑臭水体评价

2.2.1 水质水量评价依据

(1) 水质评价依据

根据《地表水环境质量标准》(GB 3838—2002)，地表水体依据其环境功能分类和保护目标，分别规定了水环境质量应控制的项目及限值，不同功能类别分别执行相应类别的标准值。水域功能类别高的标准值严于水域功能类别低的标准值。同一水域兼有多类使用功能的，执行最高功能类别对应的标准值。实现水域功能与达功能类别标准为同一含义。

本次水质质量评价根据应实现的水域功能类别，选取相应类别标准，进行单因子评价，评价结果应说明水质达标情况，超标的另说明超标项目和超标倍数。

地表水环境质量标准基本项目标准限值如表2-1所列。

表2-1　地表水环境质量标准基本项目标准限值　　单位：mg/L

序号	项目＼标准值	分类				
		Ⅰ类	Ⅱ类	Ⅲ类	Ⅳ类	Ⅴ类
1	水温/℃	人为造成的环境水温变化应限制在：周平均最大温升≤1；周平均最大温降≤2				
2	pH值（无量纲）	6～9				
3	溶解氧（DO）	饱和率90%（或7.5）	≥6	≥5	≥3	≥2
4	高锰酸盐指数	≤2	≤4	≤6	≤10	≤15
5	化学需氧量（COD）	≤15	≤15	≤20	≤30	≤40
6	五日生化需氧量（BOD_5）	≤3	≤3	≤4	≤6	≤10
7	氨氮（NH_3-N）	≤0.15	≤0.5	≤1.0	≤1.5	≤2.0
8	TP（以P计）	≤0.02（湖、库≤0.01）	≤0.1（湖、库≤0.025）	≤0.2（湖、库≤0.05）	≤0.3（湖、库≤0.1）	≤0.4（湖、库≤0.2）
9	TN（湖、库，以N计）	≤0.2	≤0.5	≤1.0	≤1.5	≤2.0
10	Cu	≤0.01	≤1.0	≤1.0	≤1.0	≤1.0
11	Zn	≤0.05	≤1.0	≤1.0	≤2.0	≤2.0
12	氟化物（以F^-计）	≤1.0	≤1.0	≤1.0	≤1.5	≤1.5
13	硒	≤0.01	≤0.01	≤0.01	≤0.02	≤0.02
14	As	≤0.05	≤0.05	≤0.05	≤0.1	≤0.1

续表

序号	标准值 项目	分类				
		Ⅰ类	Ⅱ类	Ⅲ类	Ⅳ类	Ⅴ类
15	Hg	≤0.00005	≤0.00005	≤0.0001	≤0.001	≤0.001
16	Cd	≤0.001	≤0.005	≤0.005	≤0.005	≤0.01
17	Cr(六价)	≤0.01	≤0.05	≤0.05	≤0.05	≤0.1
18	Pb	≤0.01	≤0.01	≤0.05	≤0.05	≤0.1
19	氰化物	≤0.005	≤0.05	≤0.2	≤0.2	≤0.2
20	挥发酚	≤0.002	≤0.002	≤0.005	≤0.01	≤0.1
21	石油类	≤0.05	≤0.05	≤0.05	≤0.5	≤1.0
22	阴离子表面活性剂	≤0.2	≤0.2	≤0.2	≤0.3	≤0.3
23	硫化物	≤0.05	≤0.1	≤0.2	≤0.5	≤1.0
24	粪大肠菌群/(个/L)	≤200	≤2000	≤10000	≤20000	≤40000

（2）水量评价依据

某黑臭河段或河流由不断流变为断流，那么直接鉴定为黑臭。

2.2.2 底泥评价依据

在对象水体采集底泥样品，测试底泥中的pH值、TN、TP和有机质等指标。检测方法依据《土壤农化分析》。

2.2.3 黑臭水体分级

《城市黑臭水体整治工作指南》[1] 中，城市黑臭水体定义为城市建成区内呈现令人不悦的颜色和（或）散发令人不适气味的水体的统称。

（1）黑臭水体评价方法

传统的水质评价方法只能评价水体水质级别，无法评价出水体黑臭程度。常用一定的指数描述水体黑臭现象。但迄今为止，国内外关于水体黑臭尚无公认的、完全通用的评价方法和标准。

研究表明，黑臭水体水环境主要评价指标及其临界值如表 2-2 所列。

表 2-2 住建部规定的黑臭水体水环境评价指标

评价指标	临界值
溶解氧(DO)	水环境性能的重要指标，$DO<2.0mg/L$
氨氮(NH_3-N)	发臭重要因子，NH_3-$N>8mg/L$
透明度(SD)	黑臭程度的重要物理指标(色阈值法)，$SD<25cm$
氧化还原电位(ORP)	综合指标，受其他环境因子影响——还原性，$ORP<50mV$

东华大学提出色阈值法[2]，能解决不同类型的水体色度统一问题。

黑臭水体评价方法如表 2-3 所列。

表 2-3 黑臭水体评价方法

评价方法	公式	标准
单因子污染模型		当污染指数≥5 时，水体即为黑臭
水质指标比值法	$I=BOD_5/COD_{Mn}$	$I>1.3$，黑臭 $1.3>I>1$，微臭过度 $I<1$，非黑臭
多元线性回归模型法	$I=0.624[COL]+0.376[TO]$ TO—黑度；COL—色度	$I<18$，无黑臭 $I=18\sim30$，轻度黑臭 $I=30\sim42$，中度黑臭 $I>42$，重度黑臭
乔司脒和 2-MIB 预测模型	(1)$\log[geosmin]=-0.624-1.092[TP]+0.153[COD]+0.149[DO]$ (2)$\log[MIB]=0.735-0.048/[WT]-0.02558[Sil]+0.274[COD]$ 2-MIB—2-甲基异莰醇；WT—水温； Sil—硅酸浓度实测值	通过 geosmin 和 MIB 的值预测水体黑臭程度
黑臭多因子加权指数模型		$I>15$，黑臭水体

(2) 黑臭水体分级标准

城市黑臭水体分级：根据黑臭程度不同，可将黑臭水体分为“轻度黑臭”和“重度黑臭”两级。根据水质检测结果，按表 2-4 分级［住房和城乡建设部及生态环境部（原环境保护部）推荐］。

表 2-4　城市黑臭水体污染程度分级标准表[1]

特征指标(单位)	轻度黑臭	重度黑臭
透明度(SD)/cm	25～10①	<10①
溶解氧(DO)/(mg/L)	0.2～2.0	<0.2
氧化还原电位/mV	−200～50	<−200
氨氮(NH_3-N)/(mg/L)	8.0～15	>15

① 水深不足 25cm 时，该指标按水深的 40%取值。

黑臭水体级别判定：某水体采样监测点 4 项监测指标中，1 项指标 60%以上数据或不少于 2 项指标 30%以上数据达到“重度黑臭”级别的，该监测点应认定为“重度黑臭”，否则可认定为“轻度黑臭”。连续 3 个以上监测点认定为“重度黑臭”的，监测点之间的区域应认定为“重度黑臭”；水体 60%以上的监测点被认定为“重度黑臭”的，整个水体应认定为“重度黑臭”。下面用辽宁省沈阳市实际案例进行黑臭水体分级方式介绍。

沈阳市细河水体多年黑臭，据现场走访周围居民意见，尤其夏天散发刺鼻气味，水色发黑，黑臭程度据描述可判定为重度黑臭。

根据 2016 年细河经济技术开发区段水质监测结果，细河劣Ⅴ类水，为重度污染。2016 年细河铁西区三环桥至四环桥段的于台桥水质监测结果见表 2-5。各污染指标中除挥发酚和阴离子表面活性剂的含量优于《地表水环境质量标准》(GB 3838—2002) Ⅲ类外，其余指标均未达标；化学需氧量、生化需氧量、氨氮、总磷 (TP) 含量均高于 GB 3838—2002 Ⅴ类，其中氨氮污染最重，是 GB 3838—2002 Ⅴ类水的 4 倍以上，其次为总磷 (TP)；整体水质劣Ⅴ类，为重度污染。

表 2-5　2016 年细河于台桥水质监测结果　　单位：mg/L

项目	化学需氧量	生化需氧量	高锰酸盐指数	氨氮	总磷	石油类	挥发酚	阴离子表面活性剂	水质类别
于台桥河段均值	41	12.6	10.3	8.84	1.36	0.06	0.0013	0.07	劣Ⅴ
GB 3838—2002 Ⅲ类标准	≤20	≤4	≤6	≤1	≤0.2	≤0.05	≤0.005	≤0.2	—
GB 3838—2002 Ⅴ类标准	≤40	≤10	≤15	≤2.0	≤0.4	≤1.0	≤0.1	≤0.3	—

根据2017年5月沈阳市公布的黑臭水体治理名单，细河铁西区三环桥至四环桥段水体为轻度黑臭，细河于洪区二环桥至三环桥水体为重度黑臭。

根据2017年6月12号细河水质监测资料，细河水体较好，基本可判定为轻度黑臭。可能有以下3个方面原因。

① 自从细河列入沈阳市黑臭水体重点整治河道以来，铁西区河道主管部门农发局和河道堤防管理所十分重视，对细河辖区内污水排放口予以封堵，细河辖区内没有污水进入。

② 上游于洪区也采取了一定的治理措施，来水通过自然沉淀净化后水质逐渐好转。

③ 采样期细河区间经历两次降雨过程，水体经过降雨稀释，水质转好。

经现场勘查，细河水体为流动水体，水体质量时好时坏不够稳定。水体黑色主要是河底污泥映射导致，河底污泥肉眼可见颜色发黑，悬浮物较多，底泥中含较多垃圾。

2017年6月12号细河铁西区水质监测指标见表2-6。城市黑臭水体污染程度分级标准见表2-4。

表2-6　细河铁西区（三环桥-四环桥）**水质监测指标表**（2017年6月12日）

点位	经纬度/(°)	透明度(SD)/cm	溶解氧(DO)/(mg/L)	氧化还原电位/mV	氨氮/(mg/L)	黑臭分级
三环桥下游10m	123.296662 41.737122	52.3	1.88	419.8	5.74	轻度
浑蒲干渠分离处	123.296662 41.737122	53.2	2.39	430.8	2.03	
节制闸下游	123.274855 41.733976	50.6	1.91	440.8	0.61	轻度
细河桥	123.273949 41.732073	55.2	1.68	345.8	2.03	轻度
中央大街桥	123.263977 41.725866	53.5	1.22	434.8	7.44	轻度
曹后公路上游2m	123.260076 41.725699	68.2	1.33	436.8	8.30	轻度

续表

点位	经纬度/(°)	透明度(SD)/cm	溶解氧(DO)/(mg/L)	氧化还原电位/mV	氨氮/(mg/L)	黑臭分级
浑河十街下游10m	123.249673 41.724051	75.4	2.64	442.8	9.72	轻度
浑河十五街上游30m	123.235308 41.726056	74.3	1.98	434.8	8.58	轻度
浑河十五街下游600m	123.23398 41.724561	75.3	2.32	440.8	7.44	
曹后路上游600m	123.231458 41.722827	76.7	1.35	441.8	7.73	轻度
浑河十八街桥上游700m	123.225273 41.718837	47.5	2.7	404.8	12.29	轻度
浑河十八街桥上游10m	123.22221 41.716448	43.2	5.28	434.8	9.72	轻度
四环桥上游600m	123.219192 41.713782	44.5	3.25	428.8	12.29	轻度
四环桥上游2m	123.212005 41.709819	55.2	3.83	451	9.72	轻度

通过与表2-4对比而且结合沿河居民调查和细河其他历史资料，判断细河铁西段水体为轻度黑臭水体，细河铁西段三环桥至四环桥需要治理。据监测结果，氨氮是造成该河流黑臭的主要因素，需要采取进一步降低污水处理厂出水的氨氮等措施以及减少初期雨水径流携带污染负荷入河的措施。

2.3 黑臭水体治理要考虑的问题与致使黑臭的主要因素

黑臭水体问题复杂，原因多种，以下以沈阳细河、海口龙昆区11个黑臭水体以及广西贺江流域为例进行介绍。

2.3.1 黑臭水体治理要考虑的关键问题与污染负荷的主要来源

黑臭水体治理要考虑的关键问题：水体为什么发黑、为什么发臭？如何消除黑臭？如何长效保持不黑不臭？如何少花钱（政府满意）、让环境友好（百姓满意）、生态安全（服务全民）？黑臭水体缺前期数据；政府、企业、科研单位与高校要扮演什么角色？

致使水体黑臭的主要因素如下（见图 2-1）。

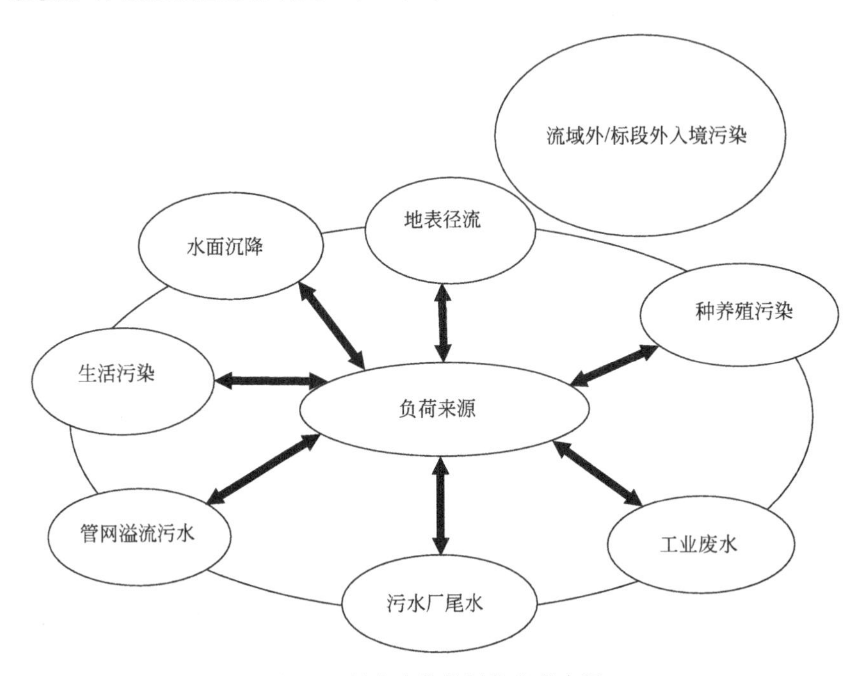

图 2-1　黑臭水体的污染负荷来源

① 入水污染负荷超过水体环境承载力：主要的污染源有生活、工业、种植、养殖、绿化、污水厂出水、干湿沉降、初期径流等几种。

② 老管网系统破损，尤其软基地区，带来管网的泄漏，本应通过污水管网进入污水处理厂的一些污水会进入周边环境，通过多类型环节进入水体。

③ 水体底泥内源污染释放严重，例如在适宜条件下，底泥、植物残体、藻类残体、生活垃圾等会释放污染物，恶化水体水质。

④ 水体本身的生态系统严重退化，受排污、海水和行洪等影响，植物大量衰亡，适宜植被立地的基底发生变化，微生物群落也发生变化，

⑤ 周边水生态环境被破坏，受住宅、企业、养殖和围填等侵占，水体岸带人为干扰强烈，水生态环境被严重破坏甚至产生不可逆丧失，导致外源（初期雨水径流）未经有效拦截即进入水体。

⑥ 水量水动力不足，导致滞留，自然充氧作用明显减弱，水质不太差时易滋生浮萍与藻类等。

⑦ 海洋潮汐对水体带来的影响，包括水位变化以及盐度升高。

⑧ 监管力度不够，水体周边垃圾堆放情况严重、污/废水或未达标水直排。

下面结合作者及合作单位完成的一些黑臭水体调查与治理来分析黑臭问题与成因。

2.3.2　海南省海口市龙昆区11个水体存在的黑臭问题与原因

（1）水体水质为劣Ⅴ类，有机物、磷和氮是其主要污染指标

本标段11个水体水质状况堪忧，都属于地表水劣Ⅴ类。海口市龙昆沟、东西湖等11个水体的TP浓度总体在0.02～10mg/L之间（平均值为3.06mg/L），均值超Ⅴ类水质标准15.3倍；NH_3-N浓度总体在0.4～28mg/L之间（平均值为11.82mg/L），均值超Ⅴ类水质标准5.91倍；COD浓度总体在7～130mg/L之间（平均值为70.17mg/L），均值超Ⅴ类水质标准1.75倍；本节中TN数据只测定了万绿园人工湖、金牛湖、东西湖和白水塘等9个点，TN浓度总体在1.9～4.51mg/L之间（平均值为3.19mg/L），均值超Ⅴ类水质标准1.59倍；DO浓度总体在1.5～5mg/L之间（平均值为2.87mg/L），均值超Ⅴ类水质标准1.44倍；通过分析可知，海口市龙昆沟、东西湖等11个水体水质，均远超过劣Ⅴ类水质标准值，水质很差，且磷和氮是其主要污染指标。

（2）水体受点源污染严重，污水管网亟须改善

11个水体污染物排放杂乱无章，因此河涌两岸现有许多点源污染，大量污水未经处理便排入河涌内，严重污染河涌。城区管网复杂，暗管排放难以全部清查，河道自净能力明显不够，可利用的土地紧缺，处理设施摆放困难。尽管“控源截污”是本项目的重点内容，但是，污水处理设施和截污工程的建设需要逐步进行，期间依然会有一定量的污水排入河涌内。因此，在项目实施的过程中需要采取措施控制污染源进入河体，否则将会影响项目的整体进度和质量。

(3) 雨水径流携带大量面源污染入河入湖，雨水管网不健全

面源污染是河道污染的重要原因之一。海南为台风高登录区域，台风暴雨频发，瞬时降雨量大，传统的城市排水体系难以适应强降雨时形成的径流量洪峰，容易导致城市内涝的出现；海口市现状雨污分流系统尚未完成，暴雨溢流污染和初期雨水面源污染对水质仍造成较大的危害。因此，在截污工程的基础上，海绵水系建设在确保行洪滞涝基础之上，必须利用水体空间建设净化湿地进一步削减污染负荷。

大量的污染物（来自农田施肥、农药、养殖、农村居民、地表）在降雨的冲刷下，通过径流进入河涌，恶化河流水质。因此，如何削减面源污染，减轻河流负担，是本项目的重难点之一。采取海绵城市理念，综合考虑项目所在地水文情况、现状地形地质条件以及河流周边的污染源等，通过合理选址、植物种类筛选、植物层级搭配以及现状微地形改造，构建植被缓冲带、滨水生态岸线和雨水调蓄设施等措施，削减面源污染，减轻河流污染负荷压力。

(4) 不少水体底泥污染重，浚后底泥处置量大，作业难

目前，需要治理的河涌和湖泊淤积了大量的重污染底泥，亟须处理。在河流与湖泊治理的过程中，污染底泥中沉积的大量污染物会不断地向水体中释放，恶化水质。为了能够在短期内达到河道水质优化的目的，需要有针对性、科学地对黑臭水体的重污染底泥进行重点清除。同时，为了防止底泥造成二次污染，需要对底泥进行合理地处置。底泥的处置是水污染整治方面的重难点之一。在对底泥进行疏浚之后，清出的底泥需要合适的场地堆存、再资源化或其他方式的处理和处置，否则将会造成二次污染。由于大部分河道属于城市内河，存在施工机械进入河道作业困难等问题。

(5) 部分水体受潮汐影响，水体盐渍化

项目范围内部分河道为感潮河道（电力沟、龙珠湾、龙昆沟、大同沟、东西湖、万绿园人工湖），电力沟下游入海，万绿园人工湖的出水与龙珠湾的下游为同一海域，龙昆沟下游为龙珠湾，东西湖的部分来水为来自与海相通的南渡江的调水，大同沟为东西湖的出湖河流，其下游为龙昆沟；以上直接与间接连海的河湖湾易受潮汐作用影响，河湖湾的水位波动大，水质变化大，且水体盐渍化较严重，水生植物难以存活，增大了水生态系统构建及其稳定的难度。

(6) 岸带硬质化比例高，景观提升与岸带修复的空间较小

项目中涉及的河道和湖泊多数位于城市内，岸线人工渠化，硬质化严重，

岸带修复的可用空间小，也增加了景观提升的难度。目前，金牛湖的堤岸较自然，白水塘有部分自然堤岸。海口市现存河流水系人为侵占严重，很多河沟、湿地及水塘被填筑。海口市主城区的河网水系中，除五源河、南渡江东岸和美舍河上游部分为天然水系外，其余水系均受到人为改造和重新塑造。由于城市道路网的不规范建设，致使一些天然河道被阻塞，严重影响了河网水系的连通性，导致水系淤积、流动不畅、水质恶化等问题。随着部分自然水系被分割、湖泊被填占，其原有的蓄水调洪功能大幅下降。

（7）城市下垫面硬质化比例高

海口市现存河流水系人为侵占严重，很多河沟、湿地及水塘被填筑。海口市主城区的河网水系中，除五源河、南渡江东岸和美舍河上游部分为天然水系外，其余水系均受到人为改造和重新塑造。由于城市道路网的不规范建设，致使一些天然河道被阻塞，严重影响了河网水系的连通性，导致水系淤积、流动不畅、水质恶化等问题。随着部分自然水系被分割、湖泊被填占，其原有的蓄水调洪功能大幅下降。海口市城市开发强度大，城市下垫面多由原来的稻田、鱼塘改造成为不透水的路面、街道和屋顶等硬质铺装，改变了城市原有的生态本底和水文特征，其滞留和调蓄雨水的能力减弱，降雨不能及时下渗，易形成地表径流。渠道两侧道路等下垫面污染对水体影响较大。

（8）工程用地受到已有城市格局的局限

部分水体陆域部分可用于水中污染物去除的构筑物空间很有限。由于龙华区为老城区，管网不够完善且负荷不足，需要构建调蓄池、海绵城市构筑物等降低管网负荷和拦截进入水体的污染负荷。该地区为海口中心城区，导致龙昆沟、电力沟、东西崩潭、大同沟、东西湖以及龙珠湾的截污和面源污染控制工艺受到限制。

（9）工程征地拆迁面积较大

项目工程中涉及生态修复和滨岸带建设等需要用地，滨濂沟河道整治工程征地拆迁性质为永久征地，征地面积 24880m^2，折合约 37.32 亩。

2.3.3 辽宁省沈阳市细河于洪区段水体黑臭原因

经调查和查询资料可知，细河水源来自上游仙女河污水处理厂，该处理厂位于揽军路南侧，细河东岸，处理水源来自铁西区卫工暗渠、重工暗渠的工业废水和生活污水，收水范围东至铁西区兴华街、南至揽军路、西至重工街西侧的沈山铁路、北至京沈铁路。污水经过处理后全部排放至细河，总处理能力为每日 4.0×10^5t，出水连续排放，出水流量 $4.8m^3/s$。污水处理采用曝气生物滤池工艺，出水达到国家城镇污水处理厂污染物二级排放标准（GB 18918—2002）。

目前，该厂满负荷运行，出水水质能达到二级排放标准。污水处理厂北墙外的细河有 3 个排放口，分别是该单位污水处理后的排水口（有水排放）、事故排放口（无水排放）和市政污水排放口（有水排放）。目前仙女河污水处理厂外细河的市政污水排放口出水水质很差，出水口有难闻气味。

此外，目前由于该污水处理厂处理能力不能完全满足上游污水来水的水量要求，所以有部分污水未经过污水处理厂处理而直排，在污水处理厂下游与处理过的污水混在一起排放，一定程度上影响了细河水质，污水处理厂下游水流量约为 $6m^3/s$。

经河道历史情况调查和现场勘查，初步确定细河于洪段河水水质污染原因有：a. 上游来水水质不达标，来水轻度黑臭；b. 沿河排污口污水排入及雨水口初期雨水污染；c. 流经河道两岸的面源污染源汇入；d. 底泥有机质和重金属释放。

2.3.4 广西壮族自治区贺江贺州段 2 个轻度黑臭水体黑臭原因分析

根据黑臭水体评价结果可知，贺州市建成区内狮子岗河与黄安寺河干流下游及东侧支流为轻度黑臭水体。结合历史资料整理及现场调查分析，上述河段出现黑臭水体的原因分析如下。

（1）黄安寺河黑臭水体成因分析

① 污水管网设施不健全，沿岸分布较多直排口，污染物大量排入。黄安寺河是城区最大的排污口之一，城区河段为长度 1080m，沿岸建筑大量居民住宅，两边居民的生活污水、养殖污水以及雨水经街道的合流排水管收集后就近排入河中。

经调研，黄安寺河东侧支流与干流于拱桥卫生所汇合后进入民居密集区，生活污水直排口多分布在此河段，此外东侧支流经过黄田镇黄田村三桥片区养猪场集中区，存在养殖污水排放口。黄安寺河直排口多呈不规则形状，污水流量较小，COD含量较高，其中每升养殖污水的COD高达几百毫克。

② 水量较小，河流环境容量小，自净能力低。黄安寺河除城区内的污水和雨水汇入外，常年有城市以北郊区的山区溪水流入。较小的环境容量和较大的排污量导致河流水体稀释自净能力有限，极易出现水质污染、水体黑臭现象。

③ 堤岸硬质化程度高，植被较少，桥墩阻碍水流。由于河流穿市区而过，两岸建筑林立，堤岸几乎全部硬质化，大量的建筑使两河沿岸植被稀少，降低了水体的自净能力和植被污染吸附能力，也使河道失去了原有的生机。硬质的刚性护岸寸草不生，水体-底泥-生物之间的物质循环和能量流动被破坏，水体自净能力受损，此外硬质堤岸导致地下水补充通道被切断，河道水量难以得到补充；河流穿城而过，为方便通行建有大量桥墩，这些桥墩阻碍了水体的流动，减小了过水断面，从而导致河道水循环不畅。

④ 河流上游存在农业面源污染。黄安寺河的上游地区河流长度7.34km，周边有大片的农田和民居，种植业以莲藕和水稻为主。农田施肥和农药残留随着地表径流汇入黄安寺河，造成污染物大量流入；此外，莲藕和水稻等作物由于不及时收割形成的有机腐烂物也由地表径流进入黄安寺河。

⑤ 沿岸生活垃圾堆放。沿岸存在大量民居和企业，人为干扰频繁，建筑垃圾和生活垃圾堆放在河岸，影响景观的同时也将污染物排放进河道。

⑥ 环境因素：温度高。贺州地处我国西南，属亚热带季风性湿润气候区，夏季炎热期长，年平均气温为19.6℃，极端最高气温39.5℃。根据此次调查数据显示，水体温度多在25.5～29.5℃之间。较高的温度一方面使得水体中饱和DO浓度降低，不利于水体自净，另一方面促进了微生物的代谢作用，提高了有机污染物的分解速率，导致水体进一步缺氧。

(2) 狮子岗河黑臭水体成因分析

① 污水管网设施不健全，沿岸分布较多直排口，污染物大量排入。狮子岗河作为城区的主要排涝沟之一，穿城区河段为2710m，沿岸建筑大量居民住宅，两边居民的生活和养殖污水以及雨水经街道的合流排水管收集后就近排入河中。

狮子岗河从万泉路到汇入贺江的河段两岸为民居密集区，直排口分布在该河段。狮子岗河的污水流量略高于黄安寺河，直排口形状为规则的圆形或方形。污水中 TP 浓度低于黄安寺河，COD 和 TN 浓度较高，其中 COD 浓度在 110～160mg/L 之间。

② 水量较小，河流环境容量小，自净能力低。狮子岗河上游无溪水流入，来水只有城市污水或城区雨水，多年平均流量为 $0.325m^3/s$。根据贺州水环境功能划分，狮子岗河为Ⅲ类水质功能区，水环境容量计算结果显示该河污染物容量为：COD_{Cr} 17t/a，NH_3-N 1t/a；现状水质Ⅴ类水环境容量为：COD_{Cr} 39t/a，NH_3-N 2t/a。较小的环境容量和较大的排污量极易引发水体黑臭现象。

③ 堤岸硬质化程度高，植被较少，桥墩阻碍水流。狮子岗河沿途大部分已做了三面光护坡或砌石挡墙，有些沟段已经建有混凝土盖板，并建有民房于盖板上。大量的建筑使两河沿岸植被稀少，降低了水体的自净能力和植被污染吸附能力。硬质的刚性护岸阻碍了水体-底泥-生物之间的物质循环和能量流动，导致水体自净能力受损，此外硬质堤岸也使得地下水补充通道被切断，河道水量难以得到补充；桥梁的桥墩阻碍了水体的流动，减小了过水断面，影响河道水循环。

④ 河面建有盖板，影响水生植物光合作用，进而阻碍水体复氧。植物光合作用产生的氧是水体复氧的重要渠道之一，而光照是影响光合作用的最主要因素。狮子岗河自龙兴巷起到龙山路长约 1.372km 的河段被混凝土盖板覆盖，严重影响水生植物的光合作用，导致水体复氧过程缓慢，水中 DO 含量低。

⑤ 餐饮污水排放量大，收集处理率较低。餐饮污水主要包括洗菜、淘米、烹饪煮饭和洗刷碗筷过程中产生的潲水、泔水，是一种高浓度污染源，成分复杂，pH 值较低、SS 高、浊度大、有机物含量占总负荷的 1/3。狮子岗河沿岸分布约 30～40 家餐饮店，店面规模多为 6～8 张桌子，餐厨垃圾与污水收集和处理率较低，排入河中不仅会造成严重水体污染现象，还会影响水中动植物生存和水体生态系统的稳定。

⑥ 生活垃圾堆放。河流穿城而过，人为干扰频繁，建筑垃圾和生活垃圾堆放在河岸，对水体造成污染的同时破坏河流景观。

⑦ 环境因素：温度高。调查数据显示狮子岗河水体温度在 25.5～29.5℃之间，且贺州属亚热带季风性湿润气候区，夏季炎热期长。较高的温度不仅降

低了水体中饱和 DO 的浓度还促进了微生物的代谢作用，提高了有机污染物的分解速率，使水体进一步缺氧。

参考文献

[1] 林培.《城市黑臭水体整治工作指南》解读［J］. 建设科技，2015（18）：14-15.

[2] 奚旦立，陈季华. 水质监测中颜色测定的新方法［J］. 环境科学，1987（5）：33-35.

第3章 黑臭水体治理技术介绍

3.1 黑臭水体治理的技术路线与原则

3.1.1 黑臭水体治理的技术路线

受《城市黑臭水体整治工作指南》启发，结合编著者的工作经验，提出黑臭水体的治理技术路线如下：主要包括五大方面内容，一是控源截污，包括外源（工业源、生活源以及低污染水——初期雨水径流、农业径流、污水处理厂出水等）和内源；二是水质净化，包括污染河水和湖水的净化；三是水资源调控，包括清水补给、活水循环，可以通过闸阀坝控制实现；四是生态修复，包括水域修复、岸带修复和流域其他区域的修复；五是管理，包括水长制、群众监督、信息公开和监管等。

我国黑臭水体治理技术路线如图 3-1 所示。

3.1.2 黑臭水体治理的原则

总体上，要实施水长制，包括河长制、湖长制和湾长制，一定要注意“制智治”有机结合。河长制实施目标责任制，加强了政府重视程度，确保了科学的治理方向和投资战略，联合多部门协同办公，如住建、生态环境、水利、公安与工商等部门，紧急事项可现场办公。

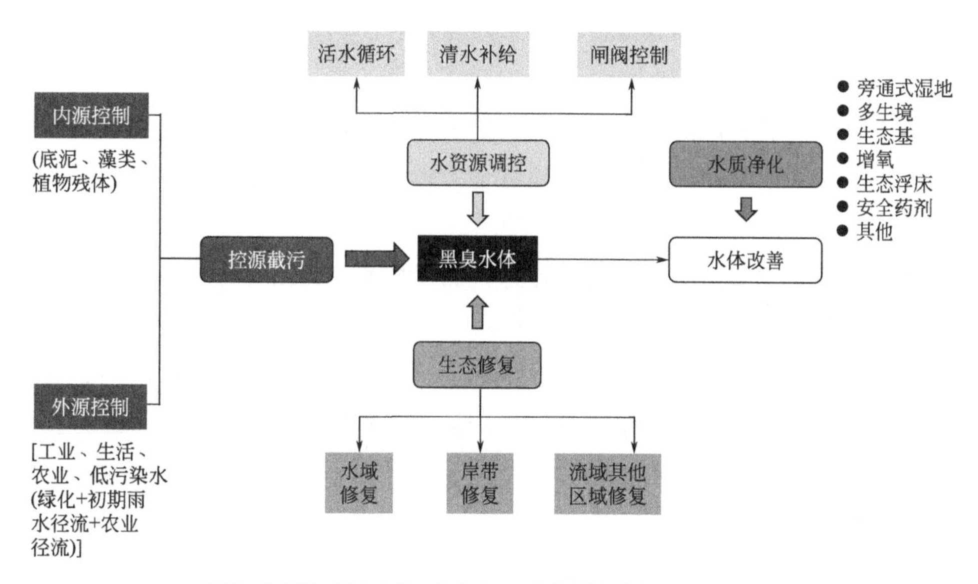

图 3-1 我国黑臭水体治理技术路线

3.1.2.1 一般要求

黑臭水体治理需“因地制宜、科学诊断、系统分析、技术集成及长效运行”。需根据水体污染程度及自净能力丧失程度、黑臭原因和所处阶段，有针对性地选择治理技术与措施。根据不同水文水质、治理目标、阶段，采用适宜技术并集成，实现对黑臭水体的治理、减负增容、不黑不臭、水质水生态长效改善和保持。

3.1.2.2 技术选择原则

黑臭水体整治技术选择应遵循环境效益与社会效益优先、以问题为导向，并遵循“适用、综合、经济、长效和安全”[1] 原则。

（1）环境效益与社会效益优先

要核算技术的环境效益，效益大的优先实施。严守“问题—工程—环境效益—费用”路线；要满足百姓对良好水体的基本需求。

（2）适用性

地域特征及水体生境条件将直接影响黑臭水体治理难度和工程量，需根据水体黑臭程度、污染原因和整治阶段目标有针对性地选择适用技术。

(3) 综合性

黑臭水体常具有成因复杂、影响因素多的特点，其整治技术也应具备综合全面性。必须系统考虑不同技术措施组合，多措并举、多管齐下。

(4) 经济性

对拟选整治方案进行技术经济比选，确保技术可行性与合理性。

(5) 长效性

黑臭水体常具有季节性、易复发等特点，整治方案既要满足近期消除水体黑臭的目标，也要兼顾远期水质进一步改善和水质稳定达标的目标，运行费要尽量低，管理要尽量简便。

(6) 安全性

慎重采取投加化学药剂和生物制剂等技术，强化技术安全性评估，避免对水环境和水生态造成不利影响和二次污染；采用曝气增氧等措施要防范气溶胶所引发的公众健康风险和噪声扰民等问题。

3.2 控源截污关键技术概述

污染源控制和治理主要针对造成水体黑臭的点源、面源及内源，应采用适宜的治理技术削减目标污染物负荷，满足水体环境承载力的控制要求。

3.2.1 雨、污管网系统优化技术

黑臭水体的治理，首先应统筹制定适合当地自然、气候条件的排水体制，排水体制的规划建设应综合统筹城镇污水处理设施、海绵城市等规划与建设情况。对直接排入水体的污染点源应采取截污措施，临时与长期结合，实现全收集、全处理，并排查管网错接、漏接及“跑、冒、滴、漏”现象。针对雨量丰沛的新城区，应当实行分流制排水体制；溢流式合流制排水系统要逐渐改造为完全合流制排水系统，逐步封堵直接排放河道的溢流口。针对采用分流制排水系统的城市，经济允许条件下可逐步通过设置蓄水池等调蓄设施收集、处理和利用径流雨水，控制污染和合理利用雨洪。干旱和半干旱的地区，在城市污水

管网及污水处理厂建设较为完善的条件下，可采用合流制充分利用管道和储存设施截留超出污水处理厂处理能力的污水，降雨后混合污水在污水处理厂中得到充分处理，降低雨季污染负荷[2]。

3.2.2　点源污染控制技术

影响城市黑臭水体的点源污染主要包括城市居民生活污水、工业废水、规模化畜禽养殖与水产养殖废水、污水处理厂出水等[2]。

① 城市居民的生活污水应采取集中处理方式，出水稳定达标并满足受纳水体的水环境功能区及水环境承载力的需求；对出水水质要求优于一级A标准的，可选用膜生物反应器（MBR）、活性污泥法（二级）＋曝气生物滤池、人工湿地深度处理等工艺。

② 工业园区与城市污水的排放标准应逐步并轨。对于难降解的污染物可采取高级氧化法等处理工艺；对于高盐废水可采取膜分离（反渗透、正渗透）＋多效蒸发等组合工艺。鼓励企业实施清洁生产和再生水回用，必要时可增加高级氧化、吸附和膜技术等强化处理单元，改善出水水质。

③ 规模化畜禽养殖场废水应达标排放，鼓励实施畜禽养殖粪尿分离、雨污分离、固体粪便堆肥处理利用、污水就地处理等生态化改造和粪污资源化利用技术。可采用脱氮除磷效率高的“厌氧＋兼氧”生物处理工艺进行达标处理。

④ 规模化水产养殖废水，尽量考虑养分回用，利用其出水灌溉农田或草地，农田排水再做一些简单处理后作为养殖用水。

⑤ 严格排查城市水体周边的饭店、宾馆、旅游景点、农家乐餐饮等分散直排的单位，修建截污管道，将其纳入城镇污水处理厂或自建污水处理设施处理后排放或回用。

⑥ 新建项目应截污纳管，原则上不允许新增排污口；对现有的排污口进行综合整治，按照回用优先、集中处理、搬迁归并、调整入水体等方式分类制定排污口整治方案。

⑦ 针对城乡接合部区域，要统筹城乡建设，生活垃圾进行源头分类与资源化利用；距离城镇污水管网较近的地区，污水应集中纳管；距离城镇污水管网较远的区域应就地处理与资源化利用；针对土地紧张地区，可采取地埋式污

水处理设施。

3.2.3 面源污染控制技术

影响城市黑臭水体的面源污染除包括城市的地表径流外，还可能包括城市周边的种植业面源污染、村镇的雨水和生活污水污染等[2]。

① 针对初期雨水，可采用收集存蓄、水力旋流、快速过滤、人工湿地等处理技术，也可采用绿色屋顶、渗透铺装、雨水花园、植物浅沟、草滤带等低影响开发技术。

② 针对种植业面源污染防治，实施源头减量—过程拦截—末端净化。鼓励开展测土配方施肥、增施有机肥、水肥一体化等，从源头上减少化肥投入；通过优化施肥时机、秸秆还田，农田生态化改造等拦截农田生产过程 N、P 流失；采用生态沟渠、滞留塘、生态净化塘等，减少农田雨水径流量，减少农田径流污染物排放量。

③ 针对村镇雨水，对于人口密集、经济发达、并且建有污水排放基础设施的村镇，宜采取合流制或截流式合流制；对于人口相对分散、干旱半干旱地区、经济欠发达的村镇，可就近处理或采用边沟和自然沟渠输送，或采用合流制。

④ 针对村镇生活污水，对于分散居住的农户，鼓励采用低能耗小型分散式污水处理方式，可选用庭院式小型湿地、沼气净化池和小型净化槽等；在土地资源相对丰富、气候条件适宜的村镇，鼓励采用集中自然处理方式，可选用氧化塘、湿地、快速渗滤及一体化装置等；对于人口密集、污水排放相对集中的村落，宜采用集中处理，例如活性污泥法、生物膜法和人工湿地等处理技术。

3.2.4 其他污染源控制技术

① 污染底泥的处理处置。针对污染底泥，优先选择原位消减、原位覆盖、原位钝化或相关组合技术。针对污染底泥堆积较厚、污染严重、需要疏挖的区域，应采用精确薄层生态疏浚技术；为避免堆场余水二次污染，应根据淤泥的性质开展底泥无害化处理处置和资源化利用。

② 加强生活垃圾及其他固体废弃物管理，防止其进入水体，一旦进入水体必须及时清理，保证水面无大面积漂浮物，水体内与岸边无垃圾。

3.3 水质净化与生态修复技术

水体内的水质净化和生态修复，主要包括以下 4 个方面。

① 针对生境条件差、水体生态修复难度大的黑臭水体，应采用曝气增氧、浮床、浮动湿地与净水厂、生物载体、安全型微生物菌剂等原位处理技术；对于有条件的地区，可采用生物塘、人工湿地等技术作为旁路处理系统。改善水质、底质，为健康水生态修复创造条件。

② 在控制污染源的基础上，进行水生植物修复，筛选确定本地先锋物种，可采用水生植物育苗、人工打穴、沙包抛植、草皮制作等定植技术，恢复水生植物群落，并优化配置。水生植物修复过程中，要预防外来物种入侵、水生植物腐烂二次污染等问题，必要时对生物安全性进行评估，鼓励大型水生植物资源化利用。

③ 针对水生动物修复，可采取种群恢复、种群控制、增殖放流等技术。首先选择修复土著水生昆虫、螺类、贝类、杂食性虾类和小型杂食性蟹类；待群落稳定后，引入本地的肉食性凶猛鱼类；可适时进行人工放流，调控水体水生动物群落结构。

④ 对城市水体的生境进行改善。在滨岸坡面或直立岸堤，可采用截留与净化能力较强的生态驳岸或近自然驳岸。针对缓冲带的生态修复，对缓冲带内已占用的建筑、道路、基础设施等要逐步拆除并进行生态修复；然后根据地形地貌、土地利用现状、生态类型对缓冲带进行分区分段，综合考虑水环境保护和景观效果，因地制宜，构建多自然型生态缓冲带。

3.4 水动力改善及水力调控技术

在对黑臭水体水质进行综合治理之前，需首先计算水体的水环境承载力，确定生态基流。针对生态基流较小或基本没有生态基流的水体，可采用生态调水措施，鼓励利用再生水、雨洪等进行补水。针对滞水区、缓流区等，鼓励采用内循环或外循环等技术，改善水动力学条件，循环系统可考虑与旁路系统相结合。常用的水力调控技术，主要包括综合调水、闸坝改造等。引进一定量的清洁的河水，通过优化引水量、时机、频率和方式，控制水体水流流向、水量，改善水体生境，可以有效改善黑臭水体的自净能力，在较短时间内改善水体水质。

3.5 典型技术

3.5.1 人工湿地

人工湿地，是一种为了达到污染去除与生态改善效果，模仿自然湿地而人工设计的复杂的具有渗透性能的生态系统。人工湿地主要由基质、植物、微生物等组成，它充分利用物理、化学和生物的三重协同作用，通过过滤、吸附、沉淀、离子交换、植物吸收和微生物分解等作用来实现对污水的高效净化[3~6]。

3.5.1.1 人工湿地的类型

按照不同的分类方式，人工湿地可分为不同种类。例如，按湿地植物种类可分为挺水植物人工湿地系统、浮水植物人工湿地系统和沉水植物人工湿地系统。若按湿地的功能定位和用途，人工湿地又可分为水质净化类人工湿地、生态修复类人工湿地、景观类人工湿地。

此外，在污水处理领域，按照系统布水方式及污水在系统中的流动方式，也可将人工湿地分为表面流人工湿地和潜流人工湿地两种（潜流人工湿地又包括水平流和垂直流两种）。不同类型的人工湿地污水处理系统具有不同的技术特征和适应性，其水质净化效果亦有差异。

（1）表面流湿地系统

表面流人工湿地具有自由水面，所以也称自由水面人工湿地。其与自然湿地相类似，污染水体在湿地的表面流动，水深较小，多在0.1～0.6m之间。通过生长在植物水下部分的茎、秆上的生物膜来去除污水中的大部分有机污染物。氧的来源主要靠植物光合作用、水体表面扩散和植物根系的传输，但传输能力十分有限。这种类型的湿地系统具有投资少，操作简单，运行费用低等优点，但占地面积大，负荷小，处理效果较差，易受气候影响，卫生条件差。处理效果易受到植物覆盖度的影响，与潜流湿地相比，需要较长时间的适应期才能达到稳定运行。

（2）水平潜流人工湿地

水平潜流人工湿地一般由土壤和各种填料组成的基质层、表层种植的湿地植物及其深入基质层的发达根系构成的根区微生物组成。底部一般设有隔水层，用于将系统底部与地表分开，防止污水渗入地下；且系统纵向有一定的坡度保证污水顺畅流过。污水常由沿垂直来水方向构建的布水沟（内置填料）或布水管进入湿地系统，沿基质层下部形成潜流并呈水平渗滤推进，通过基质表层的生物膜、丰富的植物根系及基质的截留等作用得到净化，然后，从系统末端集水管流出。为减少占地面积可设计为多层潜流方式，在出水端填料层不同高度处设置出水管，从而达到控制、调节系统内水位的目的。与表面流人工湿地相比，由于水平潜流人工湿地中基质的作用得到了充分发挥，故系统中SS、BOD、COD及重金属等污染物去除效果较好，该系统还具有保温性良好，水力负荷高，运行效果受气候条件影响小、卫生条件较好等特点，但其存在投资较高、管理相对复杂、且对氮、磷去除效果欠佳等缺点。

（3）垂直潜流人工湿地系统

垂直潜流人工湿地是在水平潜流人工湿地基础上改进的一种工艺，兼具水平潜流湿地和土地渗滤处理系统的特征。污水经地表布水装置，垂直下行渗流入床体底部，通过系统地表与地下渗滤过程中发生的物理、化学和生物反应得到净化，最后经底部集水管或集水沟流出。垂直潜流湿地通常采用间歇进水，氧通过空气自由扩散与植物根茎运输进入湿地内部，使整个系统处于不饱和状态或半饱和状态，故该系统硝化能力强，氮去除效果较好。同样，垂直潜流人工湿地具有水力负荷较大，占地面积相对较小的优点，但是存在施工要求高、操控复杂、有机物去除能力欠佳、易发生堵塞及蚊虫滋生等问题，不如水平潜流湿地应用广泛。

3.5.1.2 人工湿地的水质净化机理

人工湿地系统对景观水体的净化机理十分复杂，但一般认为，净化过程综合了物理、化学和生物的三重协同作用[3~6]。

① 物理作用主要是对可沉固体、BOD_5、N、P、难溶有机物等的沉淀作用，填料和植物根系对污染物的过滤和吸附作用；氨氮和磷化氢等的挥发作用。

② 化学作用是指人工湿地系统中由于植物、填料、微生物的多样性而发生的各种化学反应过程，包括化学沉淀、化学吸附、离子交换、氧化还原等。

③ 生物作用则主要是依靠微生物的代谢（包括同化、异化作用）、硝化与反硝化、植物和动物的代谢与吸收等作用。

最后，通过对栽种植物的收割、干湿交替脱模或对湿地填料的更换，而使污染物质最终从系统中去除。

下面分别对人工湿地系统中有机物的去除，氮的去除及磷的去除加以阐述。

（1）人工湿地对有机物的去除机理

人工湿地处理系统的显著特点之一就是对有机物有较强的降解能力。水体中的不溶性有机物通过湿地的沉淀、过滤作用，可以很快地被截留而被微生物利用，而出水中的可溶性有机物则可通过植物根系生物膜的吸附、吸收及生物代谢降解过程而被分解去除。因此湿地对有机物的去除作用是物理的截留沉淀和生物的吸收降解共同作用的结果。水中大部分有机物最终是被异养微生物转化为微生物所需的养料及 CO_2 和 H_2O，通过收割湿地植物、干湿交替脱模和更换湿地填料而将新生的有机物从系统中去除。人工湿地系统虽对有机物具有较高的去除能力，但是随着运行期延长会出现有机物的积累现象，影响湿地对水中有机物的净化。水体在植物床填料内流动时，随着迁移距离的延长，COD 的降解速率呈现减慢的趋势。

（2）人工湿地的氮去除机理

人工湿地系统对氮的去除作用包括填料的吸附、过滤、沉淀以及氨的挥发，植物的吸收和微生物硝化、反硝化作用[1,3]。氮在湿地系统中的迁移转化为复杂的生物地球化学过程，它包括了 7 种价态的多种转换。水体中的氮通常是以 Org-N 和氨的形式存在。在土壤-植物系统中，Org-N 首先被截留或沉淀，然后在微生物的作用下转化为氨态氮，由于土壤颗粒带有负电荷，NH_4^+ 很容易被吸附，土壤微生物通过硝化作用将 NH_4^+ 转化为 NO_3^--N，土壤又可

恢复对 NH_4^+ 的吸附功能。同时水中的无机氮可作为植物生长过程中不可缺少的物质而直接被植物摄取，并合成植物蛋白质等 Org-N，通过植物的收割而从废水和湿地系统中去除。但氮的去除主要还是通过湿地中微生物的硝化和反硝化作用。研究表明，微生物的反硝化是人工湿地脱氮的主要途径，植物吸收总氮量仅占进水量的 10%～30%。如果通过选择有效的植物组合，能够对脱氮起到良好效果。另外，湿地中的填料也可通过物理和化学的途径如吸收、吸附、过滤、离子交换等去除一部分污水中的氮。据报道，沸石对 NH_4^+-N 具有较高的吸附功能，并且大多都用此填料来处理含氮废/污水。还有研究表明，蛭石对氨氮的去除效果要优于沸石，其主要是通过离子交换作用来去除污水中氨氮；物理吸附作用相对很少，并且阳离子交换反应速度快，饱和吸附量可达 20.83mg/L。因此，强化湿地内部填料层的作用，有利于提高系统的硝化能力。在潜流式湿地中，硝化能力沿水流方向逐渐减小，主要为前部高后部低，这主要是与潜流湿地内的氮转化细菌分布有关。污水中所含重金属离子也影响到硝化能力，当污水中重金属离子含量较多时，处理水中的 NH_4^+-N 非减反增，影响湿地处理效果。

（3）组合式湿地的除磷机理

人工湿地系统对氮的去除是由植物吸收、微生物去除及填料的物理化学作用而完成的[2,3]。如同无机氮一样，废水中的无机磷在植物吸收及同化作用下，可变成植物的有机成分（如 ATP、DNA、RNA 等），通过植物的收割而得以去除。填料的物理化学作用主要是填料对磷的吸收、过滤和与 PO_4^{3-} 的化学反应，因填料不同而存在差异。填料中含有较多的 Fe、Al 及 Ca 的离子时能有利于对磷的去除。研究报道，以花岗石和黏性土壤为主要介质的湿地能高效去除水中的磷物质，就是因为土壤中含有较丰富的铁、铝离子，而花岗石含钙离子较多能与磷酸根离子结合形成不溶性盐固定下来。

微生物也会对湿地中磷的去除产生影响。微生物对磷的去除，包括对磷的正常同化作用和对磷的过量积累。一般二级污水处理中，当进水磷浓度为 10mg/L 时微生物对磷的正常同化去除，仅占进水总量的 4.5%～19%。所以，微生物除磷主要是通过强化后对磷的过量积累来完成的。对磷的过量积累，得益于湿地植物光合作用中光反应、暗反应，形成根毛输氧多少的交替出现，以及系统内部不同区域耗氧量的差异，而导致了系统中厌氧、好氧状态的交替出现。表面流人工湿地系统对磷的去除效果要好于潜流式人工湿地系统，表面流人工湿地处理系统的出水中总磷含量一般小于1mg/L。而潜流式人工湿地的情况则比较复杂，去除率变化较大，通常介于35%～95%。当进水的TP浓度在2～3mg/L和PO_4^{3-}浓度在0.32mg/L左右时，芦苇湿地系统对TP和PO_4^{3-}的去除率可分别达86.3%～90.9%和74.7%～92.6%。

3.5.1.3 人工湿地中植物的选择

人工湿地中常见的植物有芦苇、香蒲、灯心草、风车草、水葱、香根草、浮萍等，其中应用最广的是芦苇和香蒲。植物的选择最好是取当地的或本地区天然湿地中存在的植物，以保证对当地气候环境的适应性，并尽可能地增加湿地系统的生物多样性以提高湿地系统的综合处理能力。人工湿地系统要求水生植物对各种高浓度的污染物有一定的承受能力。所选的植物品种要能更有效地利用多余的营养物，或更能忍受污染物，植物的改变对污染物的去除是有利的。不同的生长环境，适宜的湿地植物是不同的。但所选择的湿地植物通常应具有下列特性：

a. 能忍受较大的水位、温度和pH值变幅，受潮汐影响范围内的湿地以及本底矿化度高的地区，要考虑耐盐性能；

b. 在本地适应性好的植物，最好是本土物种；

c. 有广泛用途或经济观赏价值高，例如空心菜、马蹄莲等。

任何一种湿地植物都有其自身特点，在具体操作中应考虑选择几种湿地植物进行合理搭配，这样不仅可以提高湿地的净化效率，而且大大加强与保障了净化效果。各种湿地植物对污染物的处理能力略有差异，其净化能力依据植物本身的根系生长情况以及繁殖能力而定。相对来讲，生命力越顽强的植物其总体对污染物的处理能力越高，但是在具体配置植物时需要综合考虑季节性，不仅可以保证最大效果的进行污染物的净化，而且效果也比较有保障。

3.5.1.4 人工湿地中基质的种类与选择

湿地中的基质多样，包括土壤、细砂、粗砂、砾石、沸石、碎瓦片、粉煤灰、泥炭、页岩、铝矾土、膨润土、陶粒、火山岩等的一种或几种。基质在湿地中的作用主要包括为植物和微生物提供生长介质，通过沉淀、过滤和吸附等作用直接去除污染物等。基质对污染物的截留有利于后续植物和微生物作用的充分发挥，由于基质的理化性状影响湿地的净化能力和运行稳定性，选择合适的基质能显著提高湿地的污染物去除效率。根据需要将不同粒径的材料，按照一定的比例和次序铺设。

目前，对于基质种类的研究主要集中在基质间的组合和基质改良。研究表明，将沸石和铝土矿按 1∶1 组合，对污染物的去除率高于单一的沸石或铝土矿。

基质是影响人工湿地中水力性能、植物生长和系统通畅度的重要因素。影响基质选择的因素包括粒径、孔隙率、水力传导率、比表面积、吸附、解吸附特性和产生的二次污染问题等。粒径越大的基质，其孔隙率和水力传导率也越大。在实际工程中，应针对不同污水水质和基质本身特性，本着就近取材的原则选用适当的基质。而有些基质，如高炉矿渣、钢渣、粉煤灰，虽然对水质净化效率较高，但可能会造成二次污染，因此慎重选用。

3.5.1.5 人工湿地的水质净化效率

表面流湿地的除污能力高于天然湿地处理系统，它能显著去除有机物，但对氮磷的去除效果有限，与垂直流、潜流式人工湿地相比，其负荷较低，且除污效果相对较差。由于水平潜流湿地充分利用了填料表面生长的生物膜、丰富的植物根系及表层土和填料截留等作用，它对 BOD、COD、SS 及重金属的处理效果相对较好。垂直流湿地由于排水及间歇阶段大气复氧作用明显，湿地内部溶氧浓度较高，硝化作用较其他两种类型湿地彻底，因而垂直流人工湿地对氨氮的去除率相对较高，适合处理氨氮含量高的污水。研究认为，去除生活污水或类似浓度污水的湿地在最佳条件下随生物量去除的氮量只占氮去除总量的 10％～16％，同时受植物种类和收割频率的影响较大，而不同植物对氮磷的去除效果有差异性。湿地基质主要通过沉淀、过滤和吸附等作用直接去除污染物，但其本身并不是降解污染物的主要因素，基质、污染物浓度、水力负荷均为影响湿地净化效果的重要因素，三者相互影响、交互作用。实际工程中，湿地进水浓度过高，必然加重湿地系统的污染负荷，导致系统内部污染物没有足够的时间供生物吸收降解，加速基质堵塞，出水水质不达标，缩短湿地使用年限；若进水浓度低，湿地系统在低负荷而非最佳负荷状态下运行，必然会造成资源的浪费；水力负荷是平衡这二者的主要因素，在一定的有机负荷下，通过水力负荷的调控，使湿地在最佳负荷下运行；在保证污水处理效果的同时，有效防止基质堵塞，延长湿地使用寿命。

此外，湿地净化效果还受到环境温度的影响。研究表明，夏季湿地系统对COD、NH_4^+-N和TN的去除率最高可达80%；而冬季COD、NH_4^+-N和TN的最高去除率仅为51%。因此，冬季选择耐寒湿地植物、植物覆盖、地膜覆盖、冰层覆盖、启动应急曝气、降低进水负荷等是推荐应对措施。

总之，湿地对污水的净化是湿地工艺流程、植物、基质、水力负荷、污染物浓度及环境温度等多因素共同作用的结果。表面流湿地与垂直流、水平潜流人工湿地相比，其负荷较低，且去污效果相对较差，但因其更接近天然湿地生态系统、建设及维护成本低，表面流湿地仍有较多的应用。在低温寒冷地区，表面流人工湿地因结冰冷冻难以运行，故不适合我国北方地区；垂直流与水平潜流湿地植物与基质选取与配置类似，在污染物去除方面，二者对有机物均有较好的效果，而垂直流湿地水力负荷较水平潜流湿地高。水平潜流湿地由于大气复氧受限，内部溶氧常供应不足，硝化及反硝化受限。垂直流湿地由于排水及阶段大气复氧作用明显，内部溶氧浓度相对较高，有机物降解及硝化作用较强，反硝化常是脱氮的限制性步骤。垂直流和水平潜流湿地由于其较好的卫生条件及保温效果，是我国北方寒冷地区湿地的首选工艺。

3.5.1.6 人工湿地在应用中存在的问题

人工湿地虽然因其独特的优势得到了广泛应用，但是在应用过程中也存在不少问题。

首先，很多人认为湿地很简单，认为只是在土壤上种植物而已，这种观点支持下建设的人工湿地通常很快失效。

其次，人工湿地受气候温度影响较大。随季节的变化，人工湿地对污染物的去除效果也随之变化。人工湿地中的植物和微生物对温度尤为敏感，如果植物和微生物在湿地中的生长受到影响，将直接影响人工湿地的处理效果。

第三，人工湿地占地面积大。从国内外的多种案例可以看出，人工湿地占地面积较大，一般认为人工湿地占地面积大约是传统污水处理工艺的2～3倍。人工湿地净化的机制与特点决定了其需要较大的占地面积，而对于水平流型人工湿地，由于水力负荷小，使得人工湿地需要占用更多的土地，这就制约了人工湿地的发展，尤其是在用地紧张的地区。

第四，人工湿地中还存在着基质容易堵塞的问题。基质在人工湿地中发挥着重要的作用，但是随着污水处理过程的不断运行，湿地中的微生物也相应繁殖，再加上植物的腐败以及基质的吸附能力逐渐趋于饱和，若维护不当，很容易产生淤积、阻塞现象。当堵塞现象发生时，它不仅影响到湿地系统的水力负荷，也会影响湿地系统的寿命以及湿地长期运行的稳定性，甚至使湿地系统丧失功能。

第五，人工湿地的设计与管理的规范化亟须加强。

3.5.2　生态浮床

生态浮床又称为生物浮床、无土栽培浮床、人工生物浮床、植物滤床、生态浮岛等，是人们利用无土栽培技术把高等水生植物或改良的陆生喜水植物，种植在浮床载体上，浮于水面，通过植物、微生物及生境中吸引过来的动物对营养物质吸收、吸附作用和物种竞争相克机理，削减水中的氮、磷及有机物质，从而达到净化水体水质的目的，恢复水体的自然属性，构建健康的水生态，同时又可营造水上景观。

生态浮床主要分为干式浮床和湿式浮床。

① 干式浮床是指在浮床中生长的植物与治理的水面没有直接接触，对于水面污染的净化没有用处，主要是作为景观而栽培的。

② 湿式浮床是与水面直接接触，对水质的净化效果较好。湿式浮床又分为两大类：一类为用纤维强化塑料、混凝土、不锈钢加发泡聚苯乙烯、盐化乙烯合成树脂、特殊发泡聚苯乙烯加特殊合成树脂等材料制作而成的有框湿式浮床；另一类为用椰子纤维编制而成的无框湿式浮床。目前湿式浮床应用广于干式浮床。

3.5.2.1 生态浮床的水质净化机理

植物对污水的净化包括截留、吸附、沉降、吸收等多重作用。水生植物根系发达，与水体接触面积大，可以截留水体中的大颗粒污染物质，在其表面进行吸附、沉降等。同时，通过大气复氧及植物光合作用输送氧气至植物根部，供植物呼吸作用及根际区微生物的生长繁殖，还可在根部形成厌氧-好氧区，有利于反硝化细菌-硝化细菌的生长，从而加速脱氮过程[7]。

(1) 物理作用及化学沉淀

物理作用主要是指植物根系对颗粒态氮磷和部分有机质的截留、吸附和沉降等作用。由于植物根系茂盛，与水体接触面积很大，能形成一层浓密的过滤层。当水流经过时，不溶性物质就会被根系吸附而沉淀下来。同时，附着于根系的菌体在内源呼吸阶段发生凝集，凝集的菌胶团可以将悬浮性的有机物和新陈代谢产物沉降下来。

(2) 植物的吸收作用

植物在生长过程中需要大量营养元素，而污水中含有的过量氮磷可以满足植物生长的需要，最终通过收获植物体的方式将氮磷等移出水体。植物对营养物质的摄取和存储是临时的，植物只是作为营养物质从水中移出的媒介，若不及时收割，植物体内的营养物质会重新释放到水体中，造成二次污染。植物吸收氮磷的特性与植物自身有关。不同植物种类及植物体不同器官的吸收能力不同。

(3) 氧气的传输作用

植物能通过枝条和根系的气体传输和释放作用，将光合作用产生的氧气或大气中的氧气输送至根系，一部分供植物进行内源呼吸，另一部分通过浓度差扩散到根系周围缺氧的环境中，在根际区形成氧化态的微环境，加强了根区好氧微生物的生长繁殖，并有助于硝化菌的生长，通过微生物进一步分解有机污染物和营养盐。

(4) 藻类的抑制作用

植物对藻类的抑制作用主要包括竞争性抑制、生化性克制和周边生物的捕食抑制3个方面。

① 竞争性抑制。水生植物和浮游藻类都要利用光能、CO_2、营养盐等来维持生长，两者相互竞争。通常植物的个体大，吸收营养物质的能力强，能很好地抑制藻类的生长。

② 生化性克制。水生植物在旺盛生长时会向湖水中分泌某些生化物质，可以杀死藻类或抑制其生长繁殖。

③ 捕食抑制。植物的根系还会栖身一些以藻类为食的小型动物，更加限制了藻类的恶性繁殖。

（5）微生物降解作用

高等植物根系为微生物及微型动物提供了附着基质和栖息的场所。光合作用产生的氧气和根系释放的氧气一方面氧化分解根系周围的沉淀物；另一方面使水体底部和基质形成许多好氧和厌氧区域，为微生物的活动提供条件。例如，硝化细菌和反硝化细菌分别利用好氧和缺/厌氧条件去除水体中的氮；芽孢杆菌能将有机磷、不溶解性磷降解为无机可溶性磷酸盐；高效除磷菌可以摄取数倍于其自身含量的磷。同时根系表面的生物膜增加了微生物的数量和分解代谢面积，使根部污染物被微生物分解利用或经生物代谢作用去除。

（6）植物与微生物的协同效应

植物发达的根系不仅为微生物的附着、栖身、繁殖提供了场所，还能分泌一些有机物促进微生物的代谢。大量微生物可以在根系表面形成生物膜，使污染物被生物膜中的微生物种群分解利用或者经代谢作用去除。此外，附着在根部的微生物可以加速根系周围有机物的交替转换或悬浮物的分解矿化，如芽孢杆菌能将有机磷、不溶解磷降解为无机、可溶的磷酸盐，使植物能直接吸收利用。

3.5.2.2 生态浮床的构造

典型的湿式有框式浮床由浮床的框体、床体、基质和植物 4 个部分组成。浮床框体应当具有坚固性、耐用性、抗风浪性。推荐采用不锈钢管、PVC 管、毛竹、木材等作为框架。浮床床体必须提供较大的浮力，是栽种浮床植物的载体，目前聚苯乙烯泡沫板使用最多。这种材料具有无毒无害、浮力强大、来源充裕、成本低廉，便于设计和施工。但这种载体容易损坏，废弃后处理难度大，易形成“白色污染”。基质材料必须具有不腐烂，不污染水体、吸附水分、养分能力强、弹性足、固定力强等特点，蓄肥、保肥、供肥能力也是必须具备的特性，并能保证植物直立正常生长。目前，海绵、椰子纤维等浮床基质可以满足上述的要求，使用较多。作为浮床净化水体主体，浮床植物必须具备以下条件：a. 成活率高，抗污能力强；b. 植物生长速度快、生物量大；c. 根系发达、根茎繁殖能力强；d. 适宜当地气候、水质等条件，基本按照本地植物优先原则；e. 具有一定的观赏性和经济价值。目前选择较多的浮床植物有香蒲、水芹菜、美人蕉、荻、水浮莲、香根草、菖蒲、石菖蒲、凤眼莲、水雍菜、水稻等。

3.5.2.3 生态浮床设计的原则

生态浮床的类型多样，能实现不同的功能。要根据不同的目标、水文水质条件、气候条件、费用，进行生态浮床的设计，选择合适的类型、结构、材质和植物。生态浮床的设计必须综合考虑以下 5 个因素。

① 稳定性：从生态浮床选材和结构组合方面考虑，设计出生态浮床必须能抵抗一定的风浪、水流的冲击而不至于被冲坏。

② 耐久性：正确选择浮床材质，保证生态浮床能历经多年而不会腐烂，能重复使用。

③ 景观性：考虑气候、水质条件，选择成活率高、去除污染效果好的观赏性植物，能给人以愉悦的享受。

④ 经济性：结合上述条件，选择适合的材料，适当降低建造的成本。

⑤ 便利性：设计过程中要考虑施工、运行、维护的便利性。

3.5.2.4 生态浮床的不足

生态浮床去污效果容易受季节和浮床植物量的限制，对于漂浮植物，其只利用了表层水体，对于深度较大的水体，其净化效率很难进一步提高。生态浮床不能适用于流速较大的水体，否则其整体的稳定性会受到损害，从而影响净化效果。同时，生态浮床的大规模应用会影响河道的航运能力。

3.5.3 人工增氧

3.5.3.1 水体人工增氧的作用

曝气技术是指通过人工曝气，向水体中补充氧气，提高水体DO的含量，提高水中生物，特别是微生物的代谢活性，从而提高水体中有机污染物的降解速率，达到改善水质的目的。

水体缺氧是河道黑臭的重要原因，选择适当的增氧方式是城市黑臭河道生物修复的重要技术环节。水体中溶解氧主要取决于水中藻类放氧量、大气复氧、水体有机污染物生化耗氧量、底泥耗氧量等因素，水体溶氧增加有助于水体微生物区系由厌氧向好氧转化。好氧微生物区系的建立刺激河道藻类生长，并形成河道水体藻类自然复氧机制、消除水体黑臭。

水体曝气技术是根据河流水体受到污染后缺氧（或厌氧）的特点，利用自然跌水（瀑布、喷泉、假山等）或人工曝气对水体复氧，促进上下层水体的混合，并加大局部水体的流动性，使水体保持好氧状态，以提高水中的DO含量，加速水体复氧过程，抑制底泥N、P的释放，防止水体黑臭现象的发生；恢复和增强水体中好氧微生物的活力，使水体中的污染物得以净化，从而改善河流的水质。人工增氧作为阶段性治理措施，适用于整治后的水体水质的保持，适用于污水截流管道、污水处理厂建成前和已治理的水体突发性污染的应急、临时使用，具有水体复氧功能，可有效提高局部水体的DO含量[8]。

人工增氧一般用于水体流动缓慢、水质较差的水体，其在黑臭水体治理中的作用有以下几种。

① 加速水体复氧过程，使水体的自净过程始终处于好氧状态，提高好氧微生物的活力。

② 充入的氧可以氧化有机物厌氧降解时产生的H_2S、CH_4及FeS等致黑致臭物质，可以有效改善水体的黑臭状况。

③ 增强河湖水体的紊动，有利于氧的传递、扩散以及液体的混合。

④ 减缓底泥释放P的速度。当DO水平较高时，Fe^{2+}易被氧化成Fe^{3+}，Fe^{3+}与磷酸盐结合形成难溶的$FePO_4$，使得好氧状态下底泥对P的释放作用减弱，而且在中性或者碱性条件下，Fe^{3+}生成的$Fe(OH)_3$胶体会吸附上覆

水中的游离态 P。

3.5.3.2 人工增氧的特点

具有设备简单、机动灵活、安全可靠、见效快、操作便利、适应范围广、对水生生态不产生危害等优点，适合于城市景观河道和微污染源水的治理。但水体曝气增氧成本较大，需要持续的维护，而且还不得影响水体行洪和航运等功能。

3.5.3.3 增氧形式与要求

水体增氧有多种方法、如植物光合作用增氧、水力增氧、投加化学药剂增氧和机械曝气增氧等。其中，曝气能快速提高水体 DO、氧化水体污染物，还兼具造流、景观、底泥修复和抑藻作用，是水体增氧的主要方法。

黑臭水体处理中常用的曝气技术有以下 3 种[9]。

(1) 鼓风微孔曝气技术

鼓风微孔曝气技术包括鼓风机、曝气管道系统和微孔曝气系统，与污水处理厂的鼓风曝气系统类似。

该曝气技术的优点有：曝气均匀，曝气效率高，平均能耗低，工程投资低，适用于较宽水体的曝气。

该曝气技术的缺点有：微孔曝气头容易堵塞或脱落，鼓风机运行噪声大，建设机房占用土地。

(2) 潜水射流曝气技术

潜水射流曝气技术主要由潜水射流曝气机和附属支架构成。该曝气技术的优点是：不占用土地，施工方便。其缺点是：曝气不均匀，曝气效率低，平均能耗高，不适用于较宽的水体。潜水射流曝气机通常采用膨胀螺丝和角钢支架固定在河道驳坎上，垂直于河水流向曝气；个别情况下，也可固定在河道中央，平行于河水流向曝气。采用射流增氧，其喷射高度不应超过 1m，否则容易形成气溶胶或水雾，影响周边环境。重度黑臭水体不应采取射流和喷泉人工增氧设施。

(3) 叶轮曝气技术

叶轮曝气技术受设备自重和尺寸限制，曝气充氧效率低于射流曝气和鼓风曝气，但如果和人工浮岛结合布置，会提升水体的景观效果。

3.5.3.4 维护管理

① 根据河道的尺寸、水深、污染物浓度、水/泥界面特性等实际特征得出需氧量，进而确定曝气设备的规模、运行方式、优化季节组合等。

② 可分阶段制定水体改善的目标，然后根据每一个阶段的水质目标确定所需的曝气设备的量，而不必一次性备足充氧能力，以免造成资金、物力、人力上的浪费。

③ 对于城市中的河道，为了配合城市景观的建设，可以充分利用水闸泄流、活水喷池等方式增氧。

④ 要充分考虑河流曝气增氧-复氧成本，结合太阳能曝气治理技术，加速氧气的传质过程，增加水中溶氧量，从而保证水生生物生命活动及微生物氧化分解有机物所需的氧量，为水生生物提供较好的氧条件，并达到节能的目的。

在工程实践中发现，实施河道人工曝气时，适当向河流中投加一定量的生态安全的生物菌剂，可以更好地分解水中污染物，使充入水体的氧充分发挥功效。

3.5.4 生物膜

3.5.4.1 技术原理

根据水体污染特点以及土著微生物类型和生长特点，营造适宜的条件使微生物固定生长或附着生长在固体填料载体的表面、形成生物膜。当污染的河湖水经过生物膜时，污水和滤料或载体上附着生长的生物膜开始接触，生物膜表面由于细菌和胞外聚合物的作用，絮凝或吸附了水中的有机物，与介质中的有机物浓度形成一种动态的平衡，使菌胶团表面既附有大量的活性细菌，又有较高浓度的有机物。微生物通过生长代谢将污水中的有机物作为营养物质，从而降解污染物。生物膜上还可能出现丝状菌、球状菌、轮虫、线虫等，从而使生物膜净化能力得到增强。

3.5.4.2 设计要求

（1）污染物的生物可利用性

污染环境中污染物的种类、浓度和存在形式等都影响微生物的降解性能。不同的污染物对微生物具有不同的可利用性，例如自然界中存在的绝大多数有机污染物都可以被微生物利用并降解，而大部分人工合成的大分子有机污染物难以被微生物利用并降解。重金属在污染环境中往往以不同的形式存在，其不同的化学形态对微生物的转化和固定都会产生很大的影响。

（2）生物填料选择

在生物膜法中，填料作为微生物赖以栖息的场所，其性能直接影响着处理效果和投资费用。生物填料的选择依据有附着力强、水力学特性好、造价成本低等，理想的填料应该是具有多孔及尽量大的比表面积、具有一定的亲水与疏水平衡值。

3.5.4.3 碳素纤维生物膜技术

（1）工艺原理与技术参数

碳素纤维材料具有较大的比表面积来捕捉污染物，附着的微生物群能够快速形成生物膜，吸收、降解和转化污染物。碳素纤维因高弹性而具有形状维持能力，纤维生物膜在水中摆动产生了较强的污染物捕捉和分解效果。

碳素纤维有利于水生生物的生长，有着良好的生物亲和性，鱼类可以在碳素纤维周围产卵，使其成为鱼类隐蔽的藏身地；碳素纤维还可以作为水生植物的良好着床基，在促进植物多样性以及利用海藻类净化水质等方面有一定作用。

碳素纤维生态草设置量与使用场合、单位处理污染负荷、设置场所（河道、封闭水系等）、水域形状、水深、水质、流速、滞留时间、净化效率等因素有关。水质净化效果要求越高，则碳素纤维的设置比例越大。

（2）技术特点

碳素纤维（简称 CF）是一种碳含量超过 90%的无机高分子纤维，经过表面处理后具有高吸附性、生物亲和性、优异韧性与强度，对微生物有高效的富集、激活作用，能吸引多种水生生物构建生态卵床，改善和恢复水生态环境。

碳素纤维生态草技术的优点有：a. 对水体无负面影响；b. 在水中分散性

强，传质效果好；c. 原位修复，具有永久性，与浮岛技术结合，具有景观与修复双重效果；d. 安装方便，运行管理简单，材质稳定，使用寿命长[10]。

（3）设计要求

1）自然条件　调查工程实施地的水文与气象资料，区域的人口密度、工业、农业、土地利用等情况，水体的功能、水利规划等信息。分析水域的污染负荷，区域水生动、植物的生物多样性，评估水生动、植物栖息状况。

2）水体污染特点　分析水体DO、BOD_5、TN、TP等指标，尤其是水体的可生化降解性、DO、有毒有害物质种类及含量等。通过多种污染参数指标确定水体污染状况，分析水体污染物类型与特征，指导碳素纤维生态草的工艺参数选定和选择适宜的辅助治理技术。

3）河道水流动力特征状况分析　分析河流的水流动力学特征和规律，确定碳素纤维生态草的布置量、结构与方式。

4）根据水体修复目标和功能与其他技术组合　根据治理水体改善的目标，确定合适的达标标准。根据水质改善目标和区域水体的功能等要素确定工程实施地点及净水区域等事项。根据水体服务功能，如排洪、景观、饮用水等不同功能，配置相关的辅助技术，例如通过人工浮床技术达到改善美观的效果。

（4）维护管理

① 在微生物少的环境下可通过外界加入微生物菌提高处理效果。

② 在缺氧的环境中需要适当的曝气增氧，提高生物膜的处理能力。

③ 在封闭水体无水流的情况下，因为无法充分接触污染物而不能净化，需要增加循环水流。

④ 维护过程中应避免材料缠结、防止材料露出水面而干化。

3.5.4.4　阿科蔓生态基

阿科蔓生态基治理污水的原理是利用阿科蔓生态基上的微生物群落的代谢作用去除水中的污染物。生态基技术已成为一种成熟的生态性水环境综合治理技术，并在微污染治理、河道治理、城镇生活污水处理、农村污水治理、工业废水处理、水产养殖等领域取得成功案例。该技术适用于有自然氧化塘（水塘）、对出水要求较高的镇、村、住宅小区，并具有以下的优势：a. 雨污无需分流，设备含量少，节省投资；b. 工程实施简单，运行费用低；c. 出水效果好，对 N、P 均具有较高的去除率[11]。

（1）产品类型

阿科蔓生态基产品可分为 BDF 和 SDF 两大类型。

BDF 型生态基采用两面型设计，其中的一面编织较密实（利于菌类生长），另一面编织较疏松（利于藻类生长）。编织层中间的泡沫能使阿科蔓生态基保持浮力。附带的装置装入砂石后使其能放置在水体中的适合位置。

SDF 型生态基采用两段型设计，上部较疏松，下部较紧密，蔓条在水中呈下垂状态。

（2）技术特点

阿科蔓生态基的主要特点有：a. 高生物附着表面积，可达到 $250m^2/m^2$；b. 适宜的孔结构为微生物群落提供理想的生存环境；c. 材质惰性，不会在水中分解，对环境无污染。

（3）水体治理系统组成

阿科蔓生态基水体治理系统一般由生态基、水体循环系统、生物过滤系统和就地处理系统 4 部分组成。

1）生态基　生态基是治理系统的核心，通过其上面附着的大量微生物的代谢作用降解水中污染物，并以微生物为基础强化水生生态系统，增强水体的自净能力。阿科蔓生态基在水体中应遵循以下布置原则。

① 重点治理区域：对污染物浓度高的水域重点治理并形成保护带。

② 下风向区域：强化容易积累污染物的下风湖区的治理。

③ 物滤系统的进、出水口区域：由于物滤系统的抽排促使湖水紊动强烈，水流交换良好，扩大阿科蔓的作用范围。

④ 湖泊中心区域：增强系统治理修复的效果，为鱼类提供产卵场所。

2）水体循环系统　采用循环系统的目的是为了缩短治理时间。利用潜水泵按照抽近排远的原则将不同区城的水源进行交换，增加水流中污染物与阿科蔓生态基的接触率，促进水体复氧，提高水生生物的活跃度。

3）生物过滤系统　生物过滤系统包括阿科蔓生态基和水生植物等。过滤系统能够强化滤除水中的悬浮固体和部分藻类，提高水体的透明度，提升感官效果。过滤单元内部可以采用廊道推流式结构，每个廊道集中规整地布置阿科蔓生态基和若干排植物栽种筐，通过阿科蔓生物膜的吸附作用和植物根系及筐内填料的过滤作用滤除水中的悬浮物。

4）就地处理系统 对于水体周边无法截流纳管的污水进行就地处理，达到排放标准后排放，减轻进入水体的污染负荷。

(4) 阿科蔓技术工艺设计参数

水力停留时间＞20d，设计水深一般为 1.2～1.8m，阿科蔓生态基用量 1.5～2.5m^2/m^2（每日排放生活污水），可附带景观喷泉曝气设施。

3.5.5 基底稳定技术

水陆交错带，是指水生生态系统与陆地生态系统之间的功能交叉地带。水陆交错带为水域和陆地两种不同生态系统的衔接枢纽，对水陆两系统之间的物质生态流动起着显著的缓冲、截留、屏障、净化、循环等作用。同时，由于会受到两种不同类型的环境影响，使其产生明显的边缘效应，能够栖息类型丰富多样的动植物。随着人类活动对环境干扰的加剧，水陆交错带生态系统的退化现象严重。水陆交错带的退化常常引发植被死亡、生物多样性受损、湖岸水土流失、景观功能下降、水质严重下降，引发水体黑臭。此外，由于水陆交错带的退化使基底养分不足，使其结构变差，通过构建植物-微生物-土壤环境改善土壤状况，并且联合秸秆-PAM 改良剂施用，能够大幅度地提高基底的渗透、过滤以及截留的能力，同时由于可利用营养物质较为充足，水陆交错带基底表层很容易就会形成一层有活性的生物膜，可以为动、植物以及微生物提供适宜的生长存活环境。

秸秆覆盖是改良水陆交错带土壤结构、提升土壤养分状况的行之有效的措施。被用于覆盖在水陆交错带表面的秸秆一般降解速度较慢，被径流、雨水淋失的营养元素较少，秸秆降解形成的有效养分能渐渐地进入土壤，被土壤吸收利用，其中一部分供动植物-微生物吸收，剩余的大部分会转化为有机质组分，并且在土壤环境作用下逐步转化为腐殖质。另外，由于秸秆覆盖可以缓解表层土壤遭受雨水的直接冲刷，对土壤表面起到有效的缓冲作用，能有效改善土壤团聚体结构的组成，从而起到减缓水陆交错带的水土流失问题。

聚丙烯酰胺（PAM）是目前常见新型高分子聚合物的一种，易溶于水且溶解度很高，能保存超过自身质量上千倍水的质量，经常被当作一种保水持土剂以及各类型基底的结构改良剂。在水的作用下，其形态会由较细的颗粒状逐渐转变为多枝纤维状，就将颗粒紧紧地包围，大大提高了土壤表层沉积结构的稳定性，减缓了地表径流对土壤破坏程度的影响，同时减少了土壤表面上结皮产生，降低了雨滴的溅击力。PAM 不仅可以大幅度地改善各类型基底的结构状况，通过增加较大团聚体数目来提高基底表面的粗糙程度以及降低土壤的干密度，与此同时土壤的毛管孔隙度和总孔隙度都会大幅度增加，正是由于土壤的孔隙结构以及土壤不同颗粒度的颗粒稳定性的增强，大大地提高了土壤的入渗速率以及土壤的含水量。

不同配比的秸秆——PAM 改良剂可显著影响土壤性质，其中改善效果最佳的是施用 3g/kg 秸秆联合 1g/kg 的 PAM。能显著提高细砂和黏土的颗粒的含量，减少粗砂含量和土壤容重，改善土壤结构。同时，提高大团聚体（>2mm）、有机质、有效氮、有效磷和有效 K 的含量。在土壤养分方面，秸秆的施用可以显著提高有机质的含量，而 PAM 的施用可以显著提高有效氮的含量，并且有效氮含量随着 PAM 使用量的增加而增加。与此同时，秸秆联合 PAM 比秸秆、PAM 单独使用能更有效地改善有效磷和有效钾的含量；土壤结构方面，PAM 的施用可以显著提高干筛的团聚体和湿筛水稳定性团聚体的含量。特别是对大于 2mm 的团聚体的含量有显著提高。秸秆覆盖能改善干筛中粒径团聚体的含量，但对湿筛水稳定团聚体的含量没有显著影响。但是当秸秆联合 PAM 施用时，秸秆可以提高中值粒径团聚体含量，然后在 PAM 的作用下能把一部分中粒径团聚体黏聚为>2mm 的团聚体。

3.6 黑臭水体治理常见误区及监督管理

黑臭水体治理过程中存在诸多问题，常见的有：做了方案、上了工程，短期有效，迅速消除黑臭，但很快又返黑回臭；水变清了，但不长草。编著者认为，这和黑臭水体治理中存在的一些误区有关：缺乏科学、系统的治理思路，没做到陆水统筹与联动，一水一策；仅注重单一技术，忽略集成技术综合整治，没考虑技术衔接以及缺乏全局技术经济效益观；过度强调生态与景观，忽视生境构建；缺少污染成因的科学诊断，各部分工程投资占比不合理，科学诊断基于数据，工程要对症投资才合理；急于求成，不了解黑臭水体治理需要过程，应注意水质改善与长效保持的辩证关系。

因此不但要注重治理技术和治理措施，更要注重对黑臭水体治理后的维护与管理，从而确保整个治理工程有序、高效进行；同时，也使已治理好的水体不至于再受污染，巩固已有的治理成果，保障治理水体的长治久清。

主要的监督管理措施如下。

① 建立综合协调机制，加强政府各部门之间的联系、协调与合作，齐抓共管，形成黑臭水体治理合力。

② 完善监管机制，落实责任到人，公布黑臭水体名称、责任人、达标期限及治理效果；建立黑臭水体信息共享平台和信息公开制度，每半年向社会公布治理情况，接受社会监督，鼓励公众参与。

③ 科学监测监控，建立健全环境物联网系统，鼓励综合利用卫星遥感监测、自动在线监测、自动视频监测、人工巡视监控、网络信息传媒等手段，构建水体监控预警系统。

④ 建立黑臭水体治理工程运行维护长效机制，实行水体环境的常态化养护，制定黑臭水体治理考核及评估办法，确保工程长效运行和水质改善效果。

参考文献

[1] 住房和城乡建设部，环境保护部关于印发城市黑臭水体整治工作指南. http：//www.mohurd.gov.cn/wjfb/201509/W020150911050936.pdf，2015.

[2] 蒋克彬，李元，刘鑫. 黑臭水体防治技术及应用［M］. 北京：中国石化出版社，2016.

[3] 汤显强，黄岁樑. 人工湿地去污机理及其国内外应用现状［J］. 水处理技术，2007.33（2）：9-13.

[4] 卢少勇，金相灿，余刚. 人工湿地的氮去除机理［J］. 生态学报，2006，26（8）：2670-2677.

[5] 卢少勇，金相灿，余刚. 人工湿地的磷去除机理［J］. 生态环境学报，2006，15（2）：391-396.

[6] 卢少勇，张彭义，余刚，等. 人工湿地处理农业径流的研究进展［J］. 生态学报，2007，27（6）：2627-2635.

[7] 王超，王永泉，王沛芳，王文娜，张微敏，侯俊，钱进. 生态浮床净化机理与效果研究进展［J］. 安全与环境学报，2014.14（2）：112-116.

[8] 王风贺，王国祥，刘波，杜旭，许宽. 曝气增氧技术在城市黑臭河流水质改善中的应用与研究［J］. 安徽农业科学，2012.40（10）：6137-6138.

[9] 孙从军，张明旭.河道曝气技术在河流污染治理中的应用 [J].环境保护，2001 (4)：12-14.

[10] 杨林燕，海热提，李萌，李媛，王晓慧，碳纤维湿地式浮床对微污染水体的净化研究 [J].环境科学与技术，2013 (11)：136-141.

[11] 袁伟刚，樊智毅，阿科蔓生态基技术在湖泊治理与维护中的应用 [J].中国给水排水，2007.23 (16)：114-117.

第4章 黑臭及重污染水体治理案例分析

4.1 国外黑臭及重污染水体治理案例

世界上很多国家的城市河流经历了从污染到治理再到最终生态恢复的过程。特别是一些发达国家，在河流污染治理和生态环境管理过程中积累了宝贵的经验，形成了一些经典案例。本章收集的案例主要集中在欧洲、美国和韩国，国外黑臭及重污染水体治理案例如表 4-1 所列。

4.1.1 欧洲莱茵河的水资源保护和流域治理工程

4.1.1.1 项目概况[1,2]

莱茵河流域面积 $170000km^2$，在欧洲仅次于伏尔加河和多瑙河，居第 3 位。河道发源于瑞士境内阿尔卑斯山，自北向南穿越瑞士、奥地利、德国、法国、卢森堡、比利时和荷兰后流入北海。莱茵河全长 1300km，其中 880km 可通航。河水来源于阿尔卑斯山融雪，径流年内分配较均匀，最大月流量与最小月流量的比值为 2～3。有利的水文条件等因素使其成为欧洲的航运要道，德荷边界年过船 1.5 万艘，货运量达 1.8×10^8 t。

表 4-1 国外黑臭及重污染水体治理案例简表

编号	建设地点	建设规模(占地面积 m^2、河段长宽 m)	工程投资	报道起止时段	模式(PPP,EPC 等)	工程内容(主要工艺、各单元面积)及成效(黑臭去除、生态修复、污染物去除)	参考文献
1	欧洲 莱茵河 (1998 年)	全长 1300km,流域面积 170000km^2	—	1965 年至今	—	削减各类污染物排放量;重建生态系统;改善防洪措施,减小防洪风险;提高工业部门的管理水平,避免污染事故发生	[1,2]
2	英国 泰晤士河 (1998 年)	全长 402km,流域面积 13000km^2	—	1958 年至今	—	改变污水处理厂不合理的分布状况,将大量零散的、处理能力低的小型污水处理厂合并成处理设施完善、处理程度较高的大型污水处理厂;修建污水截留管道,减少直排河道的污水量和污染负荷;启用曝气复氧船,减轻降雨时雨污水溢流对水生生物的影响	[2～6]
3	法国 塞纳河 (1998 年)	全长 776km	—	1964 年至今	—	控制农业污染;控制城市雨水污染;生活污水除磷脱氮处理;湿地恢复等。治理后水体 DO 提高到 7～9mg/L;同时,水生生态系统逐步恢复,到 2004 年为止,在河中共发现过 46 种鱼类,其中有 23 种已在巴黎市区河段栖身	[2,7]
4	韩国 清溪川	全长 10.92km,流域面积 50.96km^2	31 亿元人民币	2003～2005 年	—	河道水体复原:新建了完善的污水处理系统,实施了彻底截污。抽取经处理的汉江水补充水体。 河道景观设计:种植植被,利用根系固化河岸	[8,9]

续表

编号	建设地点	建设规模(占地面积 m^2、河段长宽 m)	工程投资	报道起止时段	模式(PPP，EPC 等)	工程内容(主要工艺、各单元面积)及成效(黑臭去除、生态修复、污染物去除)	参考文献
5	德国鲁尔区埃姆舍河	全长约 70km，其流域面积 $865km^2$	工程投资预算 44.5 亿欧元	1980～2015 年	—	雨污分流改造和污水处理设施建设；让它采取“污水电梯”、绿色堤岸、河道治理等措施修复河道；统筹管理水环境水资源。目前流经多特蒙德市的区域已恢复自然状态	[10,11]
6	奥地利多瑙河	多瑙河全长 2850km	—		—	建设生态河堤；优化水资源配置和使用；修建水电站	[12,13]
7	美国基西米河	流域总面积 $6320km^2$。介于基西米湖和奥基乔比湖之间的干流，渠化前在长约 90km、宽 1.6～3.2km 的河漫滩上蜿蜒盘行 166km，水深一般为 0.3～0.7m	—	—	—	修建拦河坝，安装有可以开启的钢制拦河闸，将来水水位抬高并引导到运河两旁原有的河道和河滩湿地里，同时通过调整上游水库运用方式，在面积达 $11km^2$ 的湿地上重新形成原有的季节性水位浮动，营造一个水流能漫没的沼泽湿地生态系统。 堵塞计划：新建 10 个永久的河道堵塞结构，同样起到抬高水位、引流入滩的作用。 Ⅰ级回填计划：回填 10 个部位，将水引导到渠道附近的原有河道，保留部分现有建筑	[14]

4.1.1.2 水体污染状况分析

荷兰因受北海盐水入侵影响，存在土地盐碱化问题，为此荷兰政府采取了大规模治理措施，并有所成效。但自1850年以后，因莱茵河沿岸人口增长和工业化加速，越来越多的有机和无机物排入河道，氯负荷迅速增加。德、荷边界鲁比瑟站在1900～1930年和1930～1960年期间的监测结果表明，氯负荷连续翻番，1930年达120kg/s，1960年为250kg/s。莱茵河含盐度的增加使荷兰感到来自后方的威胁，1932年曾在柏林和巴黎提出了抗议。

第二次世界大战以后，莱茵河流域工业化再度加速，污染进一步加重。1950年联邦德国、法国、卢森堡、荷兰和瑞士建立了莱茵河防污染国际委员会（ICPR）。20世纪50年代末荷兰拟订了莱茵河水质标准，有关国家曾进行讨论，没有结果，但讨论中却暴露了上下游国家间的矛盾。上游承认污染对下游荷兰的影响，并表示可为净化莱茵河出资，但同时认为荷兰鹿特丹的废水、海牙及北部大型马铃薯粉厂的排泄物都未经处理，对莱茵河口及北海也造成了污染。

1971年秋季低水时期，耗氧污水和有毒物质污染非常严重。由于缺氧，所有水生生物均从被污染的德荷边界附近河段绝迹，莱茵河水完全失去了使用功能。1971年河道污染的严重状况使沿岸各国政府和公众舆论震惊。1972年沿岸各国决定采取专门措施以减少污染，指定防污染国际委员会拟订减少化学污染条约。条约包括了许多细节，提供了消除危险物质和减少污染物的步骤、最佳技术或适用办法，并明确了排放标准。但此标准还要经1976年以后委员会中欧盟成员国的批准，同时最佳技术也随时间而改进和更新，并非一成不变，直到1986年仅制定了12种物质的排放标准。

莱茵河水体污染以工业污染为主，尤其重金属负荷非常高。富营养化尤其是氮磷污染问题也很突出。从各国排放情况看，德国的氮、磷排放量最大，分别占总量的66%和53%，其次为荷兰，分别为17%和33%。从污染源类型看，氮排放以非点源为主，占总量的47%；磷排放以生活点源为主，占总量的53%。

4.1.1.3　治理方案及成效

1986 年 11 月 1 月，瑞士靠近巴塞尔的山度士化学工业仓库失火，杀虫剂仓库被毁，大量农用化学品随灭火用水流进莱茵河并向下游漫延，杀灭了几乎所有生物，沿河 40 处取水口被迫停止从河中取水。

这便是山度士事故，该事件发生后 10d，即 1986 年 11 月 12 日，沿岸各国有关部长就开会讨论。因瑞士过去为净化莱茵河做了许多努力，会议中并未谴责瑞士，但要求通过国际合作采取措施，防止类似事件发生，并制订了 1987 年莱茵行动计划（RAP），明确提出了治理莱茵河的长期目标。

① 在 2000 年年底之前，高档洄游鱼类在莱茵河受到重现，作为最著名的品种，鲑鱼的重现是一个标记。

② 改善水质，使莱茵河只需采用简单净化技术，就可用作公用给水。

③ 减少对泥沙的污染，使泥沙不仅可用于陆上，且入海后对水环境不致产生负面影响。

莱茵河沿岸各国为治理污染进行了长期努力。从 1965 年至 1985 年，5 个沿岸国家为改进和建设污水处理厂就投资约 600 亿美元，经过处理，使工业和城市废/污水中有机和无机物浓度降低。通过采取合适的最佳治污技术，且不断改进和升级，使点污染源及农业和交通类扩散源得到了治理。长期努力终于取得了显著效果，据 1993 年监测结果显示，有 38 种物质已达治理目标，但还有 9 种物质的观测浓度达不到治理目标。至 1995 年，已有 47 种物质比 1985 年减少了 50%，认为达到了治理目标。

莱茵河流域涉及 7 个国家，国际性法律框架对流域治理很重要，有助于处理跨国问题和组织共同活动。德国、法国、卢森堡、荷兰、瑞士在 1950 年建立防污染国际委员会时，以 1963 年伯尔尼条约结论作为其法律基础，该条约第 2 条规定了委员会的任务，即组织有关莱茵河污染物品种、来源和范围的调研，提出减少污染适用方法的建议及准备各参与国间的协议。委员会还可承担沿岸各国共同委托的事务，据此 1987 年委员会承担了恢复莱茵河生态环境的工作。1995 年莱茵河和马斯河发生严重洪灾后，委员会又承担了防洪任务。但监测和采取措施等工作还由各国自行承担，委员会只是各国政府和欧盟（1976 年以后）的一个咨询和协商平台。召开委员会的准备工作由各方官员组成的工作组承担，决策在委员会全体会议上做出，主席轮值 3 年，为协助主席、委员会全体会议和工作组，有秘书处。国际委员会组织结构见图 4-1。

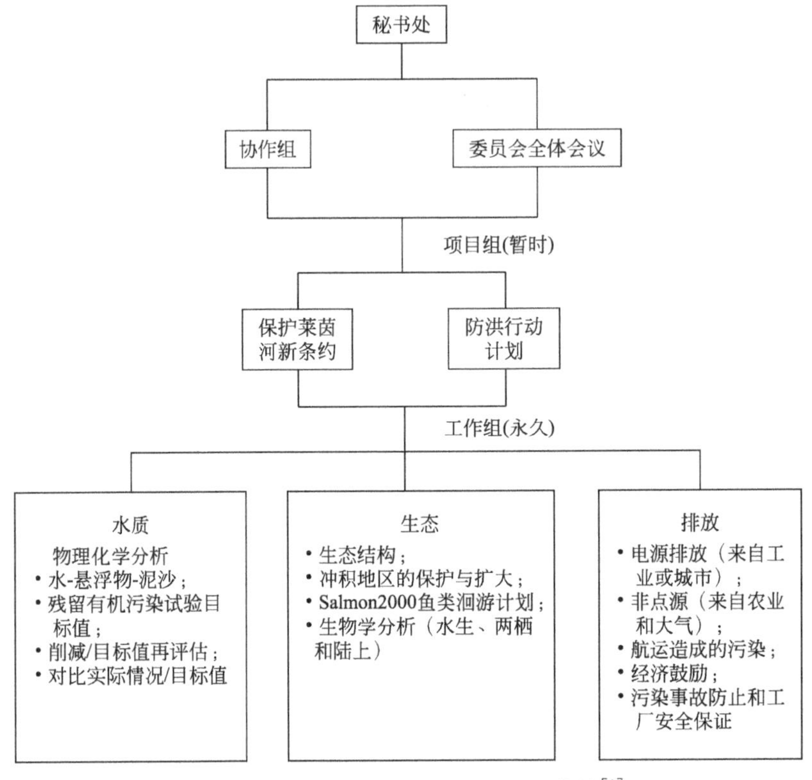

图 4-1　保护莱茵河国际委员会组织结构[1]

此外，委员会还要与莱茵河航运中央委员会、康斯坦斯湖以及跨国支流莫赛和萨尔河防污染国际委员会合作。

由于委员会工作有成效，受委托任务增加。1994 年 12 月，莱茵河国家部长会议委托其修改伯尔尼条约，以考虑 1992 年 3 月赫尔辛基协议的内容，并综合已有条约和计划。因委员会授权范围拓宽，委员会改名为“保护莱茵河国际委员会”。

共同监测、定期评估也是重要经验之一。各国共同精心设计了监测系统，以利于增进相互信任和推动合作评估。通过交流监测数据和工作经验，可更好地制定政策和措施以削减污染和恢复生态环境。对计划执行进行定期评估，可了解工作是前进还是停滞，并据情况适时修改治理目标和措施。

委员会成立之初就开始进行污染物品种和范围调研，建立国际性测量网络，制订共同分析方法。因各参与国沿用的测量和分析方法各异，为协调一致付出了很多努力，但这很重要，是客观评价水质的基础，且可持续的国际合作需对事实进行透彻、无争议的科学评价。

委员会曾制订以处理家庭污水和工业废水为重点的工作计划，包括了治污进程评估，要求公开主要污染户名单，以便监督和借助公众舆论促进治污。委员会还编制年度报告，对各国削减污染和恢复生态环境的进展实施国际性评估，督促各国不同部门加强措施以全面削减污染。

通过分析自ICPR成立以来先后签署的系列莱茵河环保协议，可了解莱茵河污染治理过程中所采取的防治措施。

（1）防治化学污染公约（1976年签署）

公约要求各成员国建立监测系统，制定监测计划，建立水质预警系统。还规定了某些化学物质（含一些剧毒物质）的排放标准，对上下游各国家都有约束力。通过建立不同工业部门协调工作方式，用先进工业生产和城市污水处理技术减少水体和悬浮物的污染。

（2）防治氯化物污染公约（1976年签署）

公约确定的治理目标是减少德国、荷兰跨国边界水体中盐含量，使河水盐浓度不超过200mg/L（天然情况下的盐含量小于100mg/L氯化物）。公约要求将部分法国矿业开采产生的盐储存在当地，费用由法国、德国与荷兰分担。但该条款被法国阿尔萨斯人否决，荷兰议会也拒绝付款，因此没有得到实施。1991年部长级会议签署了一个更有效的方案作为防治氯化物污染公约的附加条款并取得成功。

（3）防治热污染公约（未签署，但已执行）

20世纪70～80年代，ICPR各成员国强调莱茵河沿岸的电站和工厂必须修建冷却塔，确保排放水温低于规定值。1988年各国部长公开宣布莱茵河必须防止热污染；莱茵河的热污染很快得到解决，不再成为重要问题。1989年，ICPR停止了此工作。

（4）莱茵河2000年行动计划（Rhine Action Plan，RAP）

1986年发生在瑞士的山度士事件再一次在沿岸各国民众中引起强烈反应。针对此事件，1987年9月，ICPR成员国部长级会议制订并通过了莱茵河2000年行动计划，明确提出治理莱茵河的长期目标。该计划的特点是：从河流整体的生态系统出发考虑莱茵河治理，把鲑鱼回到莱茵河作为治理效果的标志。

1）计划的主要内容有：

① 整体恢复莱茵河生态系统，使水质恢复到原有物种如鲑鱼、鳟鱼能洄游的程度，故又称“Salmon2000”计划，即以2000年鲑鱼回到莱茵河作为治理效果的标志。

② 莱茵河继续作为饮用水源地。

③ 减少莱茵河底泥污染，使底泥能用于造地或填海而不会影响周围环境。

④ 进一步提高莱茵河保护目标，减少对北海有毒有害物质及富营养化物质的排放量，保持北海水生态稳定。

⑤ 全面控制和显著减少工业、农业（特别是水土流失带来的氮、磷和农药污染）、交通和城市生活产生的污染物输入。

⑥ 对工厂中危及水质的有害物质，应按要求处理，防止突发性污染。

⑦ 改善莱茵河及其冲积区内动植物栖息地的生态环境。

2）莱茵河2000年行动计划分以下3阶段实施：

① 第1阶段确定优先治理的污染物清单，共45种，包括重金属汞、铅、氮、磷和其他有机物等，分析这些污染物的来源与排放量。之后，ICPR制定了具体措施，要求工业生产和城市污水处理厂采用新技术，减少水体和悬浮物污染。此外，还采取强有力措施减少事故污染。

② 第2阶段是决定性的，即要求所有预定措施必须在1995年前实施，所有规定的污染物必须在1995年达到50%的削减率。1990年北海会议将重金属（如铅、镉、汞）到1995年的削减率提高到70%。

③ 第3阶段是强化阶段（1995～2000年），即采取必要的补充措施全面实现莱茵河的治理目标。

莱茵河行动计划标志着国际水管理方面迈出重要的一步，是当时世界各主权国家间达成的最详细的流域计划。

(5) 防洪行动计划（1998年签署）

1993年、1995年莱茵河发生洪灾，沿岸很多城市被淹，损失数十亿欧元。1998年1月22日，第12届莱茵河部长会议通过《新莱茵河公约》和“莱茵河防洪计划”（投资120亿欧元），该计划的原则是通过水域管理、城镇规划、自然保护、农业和林业、预防等综合措施解决洪水问题。

主要目标如下。

① 减少灾害风险，2000年维持风险不增加，2005年风险减少10%，2020年减少25%。

② 降低下游淹没区洪水位，2005年降低30cm，2020年降低70cm。

③ 为洪水淹没区和受洪水威胁地区绘制风险图，以增强洪水意识，2000年完成50%，2005年全部完成。

④ 短期内改善洪水预警系统，到2000年延长现有洪水预警时间的50%，到2005年延长1倍。

（6）莱茵河2020年可持续发展计划

该计划是1987年莱茵河行动计划的延续，主要针对莱茵河生态系统的进一步改善，包括防洪措施改善、地下水保护，莱茵河状态监测和水质的进一步改善也是工作重点。

该计划的主要目标如下。

1）生态系统改善　继续保持从博登湖到北海间及适宜迁徙鱼类的支流范围内已形成的莱茵河典型生境（生境连通性）和生态闭合区（上下游迁移）。

2）防洪措施改善　莱茵河低地势地区由洪水造成的损失到2020年必须减少25%（与1995年比）；莱茵河上游地区不可调蓄河段的洪水水位与1995年比，必须降低70cm。

3）水质改善　水质达到只要经简单处理就可饮用的状态；河水成分及其相互作用不会对动植物和微生物群落产生不良影响；莱茵河可捕鱼，蚌类和小龙虾可供人类消费；莱茵河某些河段必须达到可游泳的标准；必须保证底泥处置不会对环境造成有害影响。

4）地下水保护　保存优质地下水，保证地下水抽取与补给的平衡。根据此项新的行动计划，到2020年，通过沉积物管理计划将基本去除莱茵河流域河道淤泥污染物，采用各种先进技术，从根本上解决各种点源污染问题，真正实现“人水共生存”的目标，使莱茵河流域可持续管理成为欧盟河流流域管理政策的成功典范。

从以上系列协议可总结出莱茵河综合治理所采取措施包括：a. 削减各类污染物排放量；b. 重建生态系统；c. 改善防洪措施，减小防洪风险；d. 提高工业部门的管理水平，避免污染事故发生等；e. 创建的机制有综合决策、国家间的信任与协调、流域环境影响评价及生态补偿等。通过系列措施和机制，莱茵河的水环境质量显著改善，不仅改善了欧洲的环境，也是国际合作的成功，为其他国际河流的治理提供了宝贵的经验。

4.1.2 英国泰晤士河的水资源保护和流域治理工程

4.1.2.1 项目概况[2~6]

泰晤士河是英国著名的“母亲”河，全长402km，横贯英国首都伦敦与沿河10多座城市，流域面积13000km^2，多年平均净流量18.9×10^8m^3。18世纪的泰晤士河是著名的鲑鱼产区，河水清澈见底，水产丰富，野禽成群，风景如画。到了19世纪，随着英国工业发展，泰晤士河两侧人口剧增，大量废/污水直排入河，河水水质迅速恶化，成为世界上污染最早、危害最严重的城市内河之一。因严重水污染，1832～1886年，伦敦共爆发了4次流行性霍乱，仅1849年一次就有1.4万人死亡；1858年伦敦发声“大恶臭”事件。1878年，“爱丽丝公子”号游船沉没事件调查结果显示，640名遇难者中大多数因河水污染中毒而身亡[6]。20世纪20年代后，英国各大河沿岸工业更集中，工业废水与生活污水一起排入泰晤士河，造成河流严重缺氧。特别是1953年，河流下游的DO降至历史最低水平，许多河段在夏季出现了严重的黑臭。

为改变此状况，英国政府投入了大量资金，希望帮助泰晤士河告别污染。

4.1.2.2 水体污染状况分析

历史上泰晤士河（感潮段及河口地区）曾经历了两次污染高峰。

① 第一次污染高峰发生在1800～1850年。当时因工业革命兴起，泰晤士河沿岸建立了许多新兴工业区，大量工业污水直排河道。另外，因生活和医疗护理条件改善，人口死亡率大大下降，伦敦人口从1801年的100多万人增加到1851年的275万人，约增加了2.8倍。人口增长排放更多的生活污水，从而使排入泰晤士感潮河段的污染负荷也剧增。

1858年，英国政府当局开始在泰晤士河两岸修污水管，拦截直排泰晤士河的污水，将其输送至下游Beckton和Crossness地区的污水储存池，等退潮时直接排入河口。因此污染问题实际上并没解决而是转嫁给了下游地区。1887～1891年，英国开始用化学沉淀法处理储存在Beckton和Crossness地区的污水，削减了该排放口的污染负荷；同时，伦敦市中心下水道系统的进一步完善减少了暴雨溢流频率。在这些措施影响下，河水水质改善，水生生态系统逐步恢复。

② 第二次污染高峰发生在1900～1950年。进入20世纪，伦敦市人口进一步增加，沿岸工业更集中，同时Beckton和Crossness污水处理厂因资金问题停止污水化学处理，大量污水只经简单物理沉淀就直排河道。第二次世界大战后非生物降解合成洗涤剂的大量使用更加重了此阶段的污染。从1910年开始到1950年，在主要污水处理厂排放口上下游十公里内河段DO几乎为0。特别在1953年，河流下游的DO降至历史最低水平，硫化物高达14mg/L，许多河段在夏季出现了严重黑臭。

针对此情况，英国政府采取了系列措施：a. 改变污水处理厂不合理的分布状况，将大量零散的、处理能力低的小型污水处理厂合并成处理设施完善、处理程度较高的大型污水处理厂；b. 修建截污管道，减少直排河道的污水量和污染负荷；c. 启用曝气复氧船，减轻降雨时雨污水溢流对水生生物的影响。

因1900～1950年泰晤士河的污染状况对当时拟采取的治理措施影响较大，因此重点分析此时期的污染成因和污水水质。

（1）生活污水及工业废水排放

1950～1953年是泰晤士河感潮河段水质情况最差的几年。调查结果显示，污水处理厂出水对感潮段水质影响非常大，特别是Beckton和Crossness污水厂，其出水BOD负荷分别占总负荷的55.4%和21.5%。1950年排入感潮段的工业废水BOD负荷只占总BOD负荷的8.8%，约32.7t/d，到1961年此比例进一步减少到3%。由此可见，生活污水排放是造成感潮段污染的主要原因。

（2）雨污混合水溢流

泰晤士河沿岸有许多雨污混合水排放口，暴雨时大量雨污水直排河道，造成水体污染。雨污水溢流污染负荷虽只占总污染负荷的1.5%，但因其排放位置靠近上游且常在短时间内产生很高冲击负荷，对水体的影响较大。

（3）合成洗涤剂

第二次世界大战后非生物降解合成洗涤剂（硬性洗涤剂）大量使用，这些洗涤剂在水体表面形成一层持久稳固的泡沫层，降低了水体表面大气复氧速率，使泰晤士河大气复氧速率从 5.1cm/h 下降到 4.3cm/h，约下降了 16%。此外，洗涤剂中的硬质表面活性剂成分会抑制二级处理过程中微生物活动，使生物处理效率下降约 30%，从而增加了排入泰晤士河感潮段的污染负荷。研究表明，合成洗涤剂的引入及大量使用是第二次世界大战后泰晤士河感潮段水质严重恶化的重要原因之一。1965 年，合成洗涤剂被禁用而由软性洗涤剂取代。

（4）发电站冷却水排放

泰晤士河沿岸共有 14 座发电站，它们的冷却水排放对泰晤士河造成了热污染。数学模型结果显示泰晤士河沿岸发电站排放的冷却水可使河水温度上升约 5℃。排放口附近的温度甚至更高。水温上升既不利于敏感型生物如洄游鱼类的生存，也会使水体中的 DO 浓度降低。

泰晤士河感潮段周边大型污水处理厂出水对其水质影响非常大，污水处理厂处理设施、处理能力及处理深度的提高将有效改善感潮段水质。雨污混合水溢流问题一直较严重，是造成暴雨期间水质恶化的主要原因。第二次世界大战后合成洗涤剂的大量使用在当时直接造成了水质的严重恶化，但由于 1965 年后这类洗涤剂已被禁止使用，因此对目前水质的变化已无影响。工业废水的排放量所占比例很小，对泰晤士河水环境的影响相对较小。

4.1.2.3 治理方案及成效

（1）治理方案

治理措施包括：a. 通过立法严控污染物排放，包括达标排放以及排污许可；b. 修建污水处理厂及配套管网、适时规模化；c. 从分散管理到流域综合管理转变；d. 加大新技术的研发与应用；e. 充分利用市场机制。

治理措施简要介绍如下。

1）通过立法严格控制污染物排放　20 世纪 60 年代初，政府对入河排污做出了严格规定，企业废水必须达标排放，或纳入城市污水处理管网。企业必须申请排污许可，并定期进行审核，未经许可不得排污。定期检查，起诉、处罚违法违规排放等行为。

2）改变污水处理厂布局，提高污水处理程度 Beckton 和 Crossness 污水处理厂的处理水排放是泰晤士河感潮段及河口地区的主要污染来源，分别占总污染负荷的 55.4%和 21.5%。因此，这两座污水处理厂的改进，对其水质的改善影响较大。此外，Mogden 污水处理厂排放的污染负荷虽然只占总污染负荷的 1.8%，但由于其位置较靠近感潮段及河口上游，对下游水质也有较大的影响。

Beckton 污水厂是当时欧洲最大的污水处理厂，主要处理泰晤士河北岸 $300km^2$ 范围内的工业废水和伦敦市 240 万人口的生活污水。从 1889 年开始用简单的沉淀法处理污水，逐步改建、扩大、完善，到实现了现代化三级处理，经历了整整 100 年，处理能力达 2.4×10^6t/d（而中国上海最大的污水处理厂——竹园污水处理厂设计日处理量仅为 1.7×10^6t）。

Crossness 污水厂建于 20 世纪 60 年代初。早期设计处理量为 3.2×10^5t/d，出水 BOD_5 20mg/L，SS30mg/L，但不去除氨氮。之后，随来水量增加，该污水厂的处理设施也做了相应改扩建，处理水量提高到 4.5×10^5t/d，同时增加了硝化反应池，具备了脱氮能力。

1935 年，为使污水处理厂的分布更合理，新建了 Mogden 污水厂，代替泰晤士河感潮段上游 27 座小型污水厂，当时设计处理水量为 3.0×10^5t/d，处理后的污水直排入泰晤士河。经多年不断改进，目前 Mogden 污水厂已成为伦敦第二大污水处理厂，日处理污水量 5.0×10^5t，服务人口 180 万人，出水水质也比过去有很大改善，特别是枯水季节，NH_3-N 浓度一般都控制在 1mg/L 以下。

1955～1980 年间由于 Beckton、Crossness 和 Mogden 等污水厂的扩建和更新，排入泰晤士河感潮段及河河口地区的污染负荷减少了 90%；河水中的溶解氧含量增加了 10%。因此，污水处理厂出水水质的改善是泰晤士河水质明显改善的直接原因之一。

3）暴雨污水排放的控制

① 泰晤士河暴雨污水排放情况 随着泰晤士河河口水质的改善，大量鱼类重回河口，暴雨时雨污水溢流对鱼类造成的影响日益突出。

夏季，上游来水减少（通过 Teddington 堰的平均流量只有 $10m^3/s$），河口水流受潮汐顶托（排海流速只有 2km/d），污水团在河口内回荡时间比以往延长，因此需严格限制排入河口的污染负荷。

因伦敦市沿用了维多利亚时期污水和地表水混合排放的合流制排水系统，暴雨期间地面径流、污水处理厂排水和合流制管道雨污水溢流都给泰晤士河口带来了很高的冲击负荷。据估计，旱天排入泰晤士感潮河段的流量为 3.0×10^6 t/d，而在暴雨期间流量可高达 1.5×10^7 t/d，约增加 3 倍。

如果降雨分布在整个泰晤士河流域，那么上游来水流量增加，流速加快，污水在河口的滞留时间变短，暴雨带来的冲击负荷将得到调节，不会对河口鱼类造成灾难性影响。但是，如果降雨局限在下游伦敦地区（通常发生在夏季），上游来水流量并不增加，不会改变污水在河口的滞留时间。此时，这部分污水团在河口回荡，消耗水体中的 DO，导致 DO 含量剧降，造成鱼类大面积死亡。降雨造成的 DO 下降点会随潮汐振荡，并逐渐朝海向移动，为动态过程。

② 减轻暴雨污水排放影响的措施

a. 增加截流倍数，并提高受纳污水处理厂的处理能力。但此方法投资太高（1977 年估计投资 7000 万英镑），同时因这些扩建设施大部分时间（晴天）都用不上，也很不经济。

b. 用雨水储水池或类似装置将雨水储存起来，在排放前去除水中悬浮固体，也可减少暴雨时排入泰晤士河的污染负荷。但在泰晤士河附近地区，没有足够土地容纳这么大容量的储水池，且伦敦下水道系统纵横交错，非常复杂，将大容量储水池纳入下水道系统投资也很大。

c. 通过综合比较，英国政府最终使用曝气复氧船对河水进行人工曝气复氧来提高暴雨期间水体 DO 含量，减轻暴雨对水质的不利影响。此法兼具投资运行费用低和充氧效果较好的优点。

1989 年，泰晤士河上第一艘曝气复氧船“Thames Bubbler”下水运行。该船船体长 50.5m，水线面船宽 10m。水质自动监测站每 15min 测定一次 DO 值，试验船根据它们的数据第一时间到达 DO 下降最大区域充氧。“Thames Bubbler”的充氧能力为 30t/d，建造费用 350 万英镑，年运行费用 25 万英镑。1989 年，Bubbler 工作了 34d；1993 年夏季因较干旱和凉爽，只用了一次；1994～1997 年平均每年用 6d。自从 1989 年 Bubbler 投入使用后泰晤士河感潮段及河口地区就未再出现大面积鱼死亡现象。

1997 年，另一艘与“Thames Bubbler”充氧能力相同的曝气复氧船

“Thames Vitality—F”水试运行。这两艘曝气复氧船构成了泰晤士河上的一道风景线，有效提高了暴雨期间河口水体DO含量，避免了鱼类大面积死亡。

4）从分散管理到综合管理　自1955年起，逐步实施流域水资源水环境综合管理。1963年颁布了《水资源法》，成立了河流管理局，实施取用水许可制度，统一水资源配置。1973年《水资源法》修订后，全流域200多个涉水管理单位合并成泰晤士河水务管理局，统一管理水处理、水产养殖、灌溉、畜牧、航运、防洪等工作，形成流域综合管理模式。1989年，随着公共事业民营化改革，水务局转变为泰晤士河水务公司，承担供水、排水职能，不再承担防洪、排涝和污染控制职能；政府建立了专业化的监管体系，负责财务、水质监管等，实现了经营者和监管者的分离。

5）加大新技术的研究与利用　早期的污水处理厂主要采用沉淀、消毒工艺，处理效果不明显。20世纪50～60年代，研发采用了活性污泥法处理工艺，并对尾水进行深度处理，出水生化需氧量为5～10mg/L，处理效果显著，成为水质改善的根本原因之一。泰晤士水务公司近20%的员工从事研究工作，为治理技术研发、水环境容量确定等提供了技术支持。

6）充分利用市场机制　泰晤士河水务公司经济独立、自主权较大，其引入市场机制，向排污者收取排污费，并发展沿河旅游业，多渠道筹措资金。仅1987～1988年，总收入就高达6亿英镑，其中日常支出4亿英镑，上交盈利2亿英镑，既解决了资金短缺难题又促进了社会发展。

（2）治理成效

经几十年的治理，泰晤士河已重新跻身最清洁的城市河流之列，20世纪70年代，鱼类重新出现而且种类和数量呈逐年增加之势，80年代后期，河中生活着118种鱼（包括鲑鱼、三文鱼和鳟鱼等）和350种无脊椎动物（包括只有在极纯净的水中才可见到的蜉蝣若虫）。在河口泥滩上，人们甚至会看到海豹和海豚在晒太阳[5]。英国环境署报告指出：在泰晤士河的支流里，清洁状况评定为“非常好”；而在1990年被评为“有污染”的269条支流里105条现在已改善。

治理后英国泰晤士河新貌如文后彩图3所示。

4.1.3 法国塞纳河的水资源保护和流域治理工程

4.1.3.1 项目概况[2,7]

塞纳河发源于法国东部的郎格勒高原，全长776km，可通航段534km，是法国第四大河。它从巴黎的东南方向流入巴黎市中心区，由西南方向出海，途经巴黎地区河段280km。塞纳河沿岸有9座城市，流域在法国很重要，面积($9.7\times10^4 km^2$)约占全国的20%，人口（1750万）占全国的30%，工业（流域且拥有大量重要的工业企业）产值占全国的40%（包括占全国60%的汽车工业和37%的炼油业，80%的糖、75%的油料作物及27%的面包谷物)。该河主要有奥伊施河、马恩河、雍纳河与诺曼底沿海地区河流4条支流[7]。

塞纳河早在1830年就开始整治，主要以通航和水资源利用为目的，整治项目包括清疏河床、修筑堤坝、修建桥梁、整治两岸的绿化带和建筑、配置截污及水面清捞垃圾设施等。经整治，塞纳河巴黎段河深平稳，不再受潮汐和洪涝干旱影响，为以后的河道治理奠定了基础。

流域内仅20%的水坝设置了鱼道，60%的水电厂洄游鱼类不能通过[7]。进入20世纪，塞纳河沿岸水环境污染进一步加重，到20世纪60年代，巴黎下游100km范围内水体厌氧或近似厌氧；特别是Ach6res污水厂排水口附近因水体缺氧，水生生物灭绝。塞纳河变成一条“死亡之河”[7]。

自1964年起，塞纳河诺曼底水务局（the Seine-Normandy Water Agency）开始对塞纳河开展以水质改善为目的的治理，投入大量资金用于污水截流和污水处理设施建造。

4.1.3.2 水体污染状况分析

塞纳河水质受到多种污染的影响，主要有农业污水、生活污水、工业废水以及雨污水溢流等。

整个塞纳河流域60%的地区发展农业，尤其是巴黎上游段主要为高产农作物的农业用地，小麦、甜菜和大麦产量分别占法国总产量的50%、67%和35%；肥料和杀虫剂的使用量非常大，在塞纳河诺曼底流域，杀虫剂用于地表水、沿海水体及地下水中[7]。塞纳河及其支流流域内地下水有近 25%采样点的硝酸盐浓度超过 40mg/L。河流 66%的氮磷等来自农业化肥施用[7]。

塞纳河沿岸产生大量生活污水和工业废水，水体内的有机污染物、重金属和氨氮等浓度都非常高。

流域内大部分地区都有污水收集系统，因该地区多为合流制下水道系统，也存在雨污水溢流问题。特别是 Clichy 和 La Briche 两大污水收集口，暴雨时排入塞纳河的雨污混合水流量有时高达 50t/s，对河流水体造成的冲击负荷非常大。

4.1.3.3　治理方案及成效

（1）治理方案

20 世纪 60 年代初，塞纳河因严重污染生态系统全面崩溃，河中曾有的 32 种鱼类只有 2～3 种勉强存活。

1964 年，塞纳河诺曼底水务局（the Seine-Normandy Water Agency）开始治理塞纳河。采取的治理措施主要有截污治理、完善城市下水管道、削减农业污染、河道蓄水补水。

1）截污治理　政府规定污水不得直排入河，要求搬迁废水直排的工厂，难以搬迁的要严格治理。1991～2001 年十年期间塞纳河诺曼底水务局共投资了 56 亿欧元用于塞纳河流域内污水处理厂的建设，兴建污水处理厂 500 多座，其中超过 50%的污水处理厂具有除磷脱氮能力，工业废水处理率增加了 30%。重点实施巴黎地区暴雨污水控制计划，为塞纳河流域水生生态系统的进一步恢复创造了条件。

图 4-2 为巴黎市及其郊区污水产生量及处理量比较图，该地区的污水排放是塞纳河的主要污染来源之一。从图中可见，污水处理设施的建造与该地区污水量的增加同步。

图 4-3 是由此得到的该地区污水处理率变化趋势，从 20 世纪 60 年代末到 70 年代初污水处理率显著提高，从不到 30%提高到 70%左右，且一直保持高于该值的处理率，到 2000 年污水处理率已达 80%。且处理深度也不断提高，污染物去除率也在增加，以 1998 年建成并运行的 Colombes 污水厂为例，各种

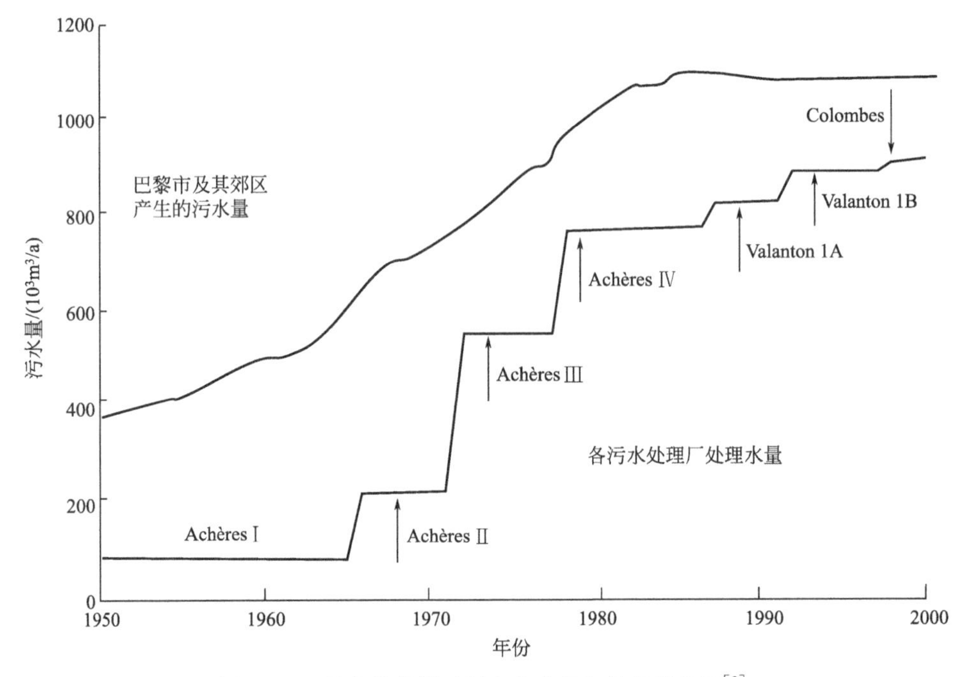

图 4-2　巴黎市及其郊区污水产生量与处理量比较[2]

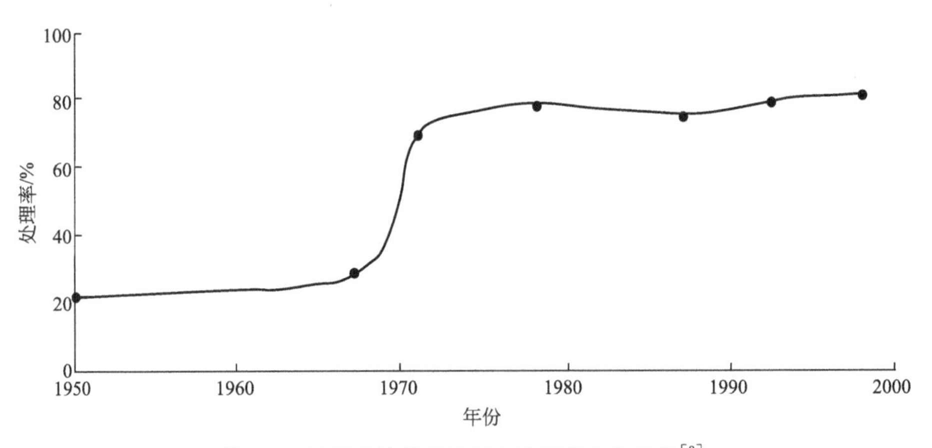

图 4-3　巴黎市及其郊区污水处理率变化趋势[2]

污染物的去除率除 TKN 和 NH_3-N 外都已超过 90%。

2）完善城市下水管道　巴黎下水管道总长 2400km，地下还有 6000 座蓄水池，每年从污水中回收的固体垃圾达 $1.5\times10^4m^3$。巴黎下水管道共有 1300 多名维护工，负责清扫坑道、修理管道、监管污水处理设施等工作，配备了清砂船及卡车、虹吸管、高压水枪等专业设备，并使用地理信息系统等现代技术管理维护。

3）削减农业污染　河流66%的营养物质来源于化肥施用，主要通过地下水渗透入河。巴黎一方面从源头加强化肥农药等面源控制，另一方面对50%以上的污水处理厂实施脱氮除磷改造。但硝酸盐污染仍是难以处理的痼疾。

4）河道蓄水补水　为调节河道水量，建设了4座大型蓄水湖，蓄水总量达$8\times10^8m^3$；同时修建了19个水闸船闸，使河道水位从不足1m升至3.4～5.7m，改善了航运条件及河岸带景观。此外，还进行了河岸河堤整治，采用石砌河岸，避免冲刷造成泥沙流入；建设二级河堤，高层河堤抵御洪涝，低层河堤改造为景观车道。

5）管理措施

① 严格执法，根据水生态环境保护需要，不断修改完善法律制度，如2001年修订《国家卫生法》要求，工业废水纳管必须获得批准，有毒废水必须进行预处理并开展自我监测，必须缴纳水处理费。严格查处违法违规现象。

② 多渠道筹集资金，除预算拨款外，政府将部分土地划拨给河流管理机构（巴黎港务局）使用，其经济效益用于河流保护。

此外，政府还收取船舶停泊费、码头使用费等费用，作为河道管理资金。

（2）治理成效

2001年之后，塞纳河的水质有了持续改善，水生态状况明显改善。通过整治，水体DO含量在过去几十年里不断提高，2003年3月测得淡水河段DO含量提高到7～9mg/L；同时，水生生态系统逐步恢复，至2009年前，在河中共发现过46种鱼类，其中有23种已在巴黎市区河段栖身。

4.1.4　韩国清溪川的水质恢复和生态化整治工程

4.1.4.1　项目概况[8,9]

清溪川全长10.92km，由西向东流经首尔市，最终汇入汉江，流域面积$50.96km^2$。20世纪40年代，随着经济快速发展，大量生活污水和工业废水入河，后又实施河床硬化、砌石护坡、截弯取直等工程，严重破坏了河流自然生态环境，导致清溪川污染严重。20世纪50年代，政府用5.6km长、16m宽的水泥板封盖河道，使其长期处于封闭状态，变成了一条名副其实的“大型城市下水道”。为恢复清溪川的自然面貌，再现首尔600年发展史，2003年7月，韩国政府启动了清溪川综合整治工程，历时27个月，于2005年10月竣工。

4.1.4.2 治理方案

充分考虑清溪川所属区位的特点，根据各河段所处区域的经济社会状况和功能需求，结合自然形态，在不同的河段上采取不同的规划方式。

第一段为位于市中心、毗邻国家政府机关的上游区间，规划主题为“自然中的河流”，最大限度地恢复河流的原有面貌。该段河道蓝线（指城市规划确定的江河、湖、水库、渠和湿地等城市地表水体保护和控制的地域界线）条件较好，因此设计明渠底宽20.83m，边坡比为1∶1，两侧二层台各宽21.83m和22.92m，二层台下及两侧铺设市政管线走廊。

第二段为位于城市中心的中游区间，规划主题是“文化中的河流”，强调滨水空间的休闲特性和文化特质。该段河道蓝线用地非常紧张，同时要留出两侧各两条车道并考虑人的亲水活动需求。为保证河道行洪断面，将规划路架设在河道两侧过水断面上。明渠底宽11.74m，边坡比为(1∶1)～(1∶2)。

第三段位于生态环境良好的下游区间，规划主题是“生态中的河流”，限制人工开发，积极保留自然河滩沙洲，取消设置边坡护岸，使其形成自然草地。该段河道蓝线用地较第二段缓和，两侧道路和明渠布置与第二阶段相似。

(1) 重点实施项目

1) 拆除高架桥　20世纪50年代，首尔市用长5.6km、宽16m的水泥板对未经治理的清溪川全面覆盖。其后，为进一步适应城市发展，1971年首尔市政府在清溪川上建设了高架桥，该高架桥是双向汽车专用道，承载着东西方向的城市交通量。为重现昔日环境优美的清溪川，2003年首尔市启动了高架桥拆除工程，时称“李明博总统1号工程”。

2) 河道水体复原　为保证水质清洁，防止复原后的河道被再次污染，首尔市新建了完善的污水处理系统，对原来汇入清溪川的各类污水实施了彻底截污。此外，为保证清溪川一年四季流水不断，维持河流的自然性、生态性和流动性，最终用三种方式向清溪川河道提供水源：第一种方式主要是抽取经处理的汉江水；第二种方式是抽取地下水和收集的雨水，经专门设立的水处理厂处理后进入河道；第三种方式是利用中水。

3）河道景观设计　清溪川综合整治工程充分考虑了河流所属区位的特点，按自然和实用相结合的原则，根据各河段所处区域的经济社会状况，在不同河段上采取不同的设计理念：西部上游河段位于市中心，毗邻国家政府机关，是重要的政治、金融和文化中心，该段河道两岸采用花岗岩石板铺砌成亲水平台；中部河段穿过韩国著名的小商品批发市场——东大门市场，是普通市民和游客经常光顾的地方，因此该段河道的设计强调滨水空间的休闲特性，注重古典与自然的完美结合；河道南岸以块石和植草的护坡方式为主；北岸修建连续的亲水平台，设有喷泉；东部河段为居民区和商业混合区，该段河道景观设计以体现自然生态特点为主，设有亲水平台和过河通道，两岸多采用自然化的生态植被，使市民和游客可以找到回归大自然的感觉。

（2）景观设计元素

1）水体　清溪川西高东低、上游河道偏陡、下游偏缓，结合此特点，设计中用多道跌水衔接上下游河段，并将大石块“锚固”在河内，使水流流态自然、有层次感。此外，清溪川综合整治工程中还用了喷泉、涌泉、瀑布和壁泉（见图4-4）等多种水体表现形式。

图4-4　韩国清溪川的壁泉

2）植被　清溪川综合整治工程将平面与垂直绿化结合，以本地自然植被为主，将不同种类和花色的植物分片种植，旨在恢复清溪川原有的自然环境系统。这些本土植物不仅生命力旺盛，且具发达根系，可固化河岸。

3）人文景观　清溪川综合整治工程注重通过建设特色人文景观来保护和传承历史文化。例如，恢复重建了极具历史特色的朝鲜时代的石桥，建成了规模为世界之最的瓷砖壁画“正祖斑次图”，以自然、环境为主题打造现代五色“文化墙”等，这些人文景观的建设不仅传承了朝鲜历史，而且展现了韩国的现代文化。

4）桥梁　考虑到桥在朝鲜历史上曾发挥的重要作用，清溪川综合整治工程将桥梁建设作为一项重要内容。清溪川上共建成22座桥梁，多数桥梁可通行机动车，两岸建有人行横道。每座桥梁都造型各异，各具特色。

5）夜景观　清溪川综合整治工程注重通过照明效果来创造夜景观，用河道沿岸布置的泛光灯和重点景观的聚光灯等形成和谐又具特色的灯光效果。夜景观的塑造使清溪川吸引了大批喜爱夜生活的市民和外来观光客。

（3）公众参与

清溪川综合整治工程的顺利实施得益于公众广泛参与。在项目施工前，首尔市政府就通过报纸和网络等方式对市民广泛宣传河道综合整治的意义和必要性，向市民通报市政府在工程建设中采取的解决交通、环境和市容等系列问题的措施；在项目实施过程中，由专家和普通市民组成的一个专门委员会负责对项目进行政策说明、收集和反馈公众意见、召开听证会并提供咨询服务。在征集文化墙建设意见的过程中，广泛吸引国内外各界人士的参与。这些做法不仅能使市民了解工程，更能理解并支持工程建设。

4.1.4.3　修复效果评价

清溪川综合整治工程不是简单恢复一条河，而是以一种全新理念，打造了具有历史水文化底蕴、生态环境友好、人与自然和谐、充满经济发展活力的全新清溪川。

首先，整治工程恢复了河流的自然面貌，改善了城市生态环境。有关数据显示，清溪川复原前，高架桥一带的气温比首尔市区的平均气温高5℃以上，而在清溪川复原通水后，河面上方的平均气温要比首尔市区平均气温低3.6℃。同时，据测算，清溪川周边地区平均风速至少增大了2.2%、最多增大了7.1%，从而有效缓解了城市热岛效应，改善了城市生态环境。

其次，整治工程拆除了横亘市中心的高架桥，取而代之的是改善后的城市公交系统。据统计，与2003年12月相比，2004年7月新公交系统投入使用后，乘坐公交车出行的市民增加了11%；与2003年6月相比，利用地铁出行的人数增加了6%。清溪川综合整治工程成为转变首尔人出行方式的一个重要契机，也推动首尔市向着环境友好型城市发展迈出了重要一步。

此外，整治工程还带来了很好的经济效应和文化效应。工程带来的良好生态环境和滨水空间环境极大地推动了江北老城区的改造和建设，为将周边地区整合成为国际金融商务中心、高端信息和高附加值产业园区提供了重要的基础条件，带来的直接效益是投资的59倍，附加值效益超过24万亿韩元，并解决了20多万个就业岗位。而且它将河川文化的复兴与周边历史古迹和博物馆、美术馆等文化场所相结合，形成了首尔文化中心，凸显其作为传统和现代相结合的文化城市地位，提升了城市文化品位。

4.1.4.4 清溪川综合整治工程对中国的借鉴作用

（1）体现人水相谐的意识

人水相谐是清溪川综合整治工程的重要原则之一，是首尔市建设生态城市的重要步骤，其景观设计在直观上给人以生态和谐的美感（见文后彩图4）。河道整治的目的是通过改善城市水环境，满足城市居民的物质文化需求，实现人与社会的和谐发展。目前国内大多数河道未能提供丰富自然的亲水空间，两岸的护栏、陡峭的河岸都阻碍了人与水的亲近，不能获得良好的亲水性；河道的服务功能差，河道作为城市的天然通道，其缓解交通压力的潜能尚未得到发掘。因此，整治工程要注重河道潜在亲水功能和服务功能的开发，处理好人水、人河关系，建造相应的基础设施，使河道具亲水和安全特性，营造人与河流和谐相处的环境，为城市居民提供健康、舒适和优美的休闲娱乐场所。

（2）强调生态化整治

目前国内河道整治的方法单一，多采取简单的裁弯取直和硬化河床、护坡河岸等，不仅改变了河流的自然状态，更割裂了河流与周边环境的有机联系，从而产生了系列生态环境问题。生态化整治要求用自然、生态修复方式，如种植适宜的水生植物，恢复河道自然生态系统，建造节地型河流绿化带等。同时在规划河流形态时，应遵循河流自然演变规律，使河道恢复自然的蛇形弯曲形态，塑造自然河川的主流、深潭、浅滩和瀑布相间的格局，完善生态景观建设，使之成为城市景观的主轴。此外，在生态化整治中应多用泥土、卵石或附近的石材等自然材料代替混凝土和浆砌块石等硬质材料，以此改善水质，提升河道功能性。

（3）注重与流域的经济发展相协调

国内河道整治工程大多缺乏经济视野，未将河道整治与区域经济发展相结合。清溪川综合整治工程以生态学和循环经济理论为指导，结合河流的生态状况进行区域功能定位，对河道进行有助于经济、社会与自然生态环境相协调的整治。在整治中将城市住宅、交通和基础设施等与自然生态系统融为一体，提升河道的生态服务功能，为市民提供适宜的人居环境；以河道整治工程推动沿河流域的土地升值，提升城区建设水平，筑巢引凤，进行高层次招商，带动沿河流域的服务业、商业和旅游业的发展，从而有效提升城市形象，促进流域经济发展和环境友好型城区建设。

（4）实施彻底的截污工程

目前国内的城市河流多数已成为纳污河，大量工业废水和城市生活污水入河，要整治河道必须首先实施彻底的沿河流域截污工程，贯通河流上下游截污干管，完善跨域管网衔接，扩大生活污水和工业废水集中收集范围，提高污水处理能力。另外，河道两岸堆积的废物等潜在污染源也会对河道造成很大污染，所以整治过程中要彻底清除污染源，防止治理后的水质被二次污染。

（5）提高再生水的利用强度

中国多数城市淡水资源供应能力不足，为保证河流有充沛水源，应以循环经济理论为指导，大力开展现有污水处理厂的升级改造，不断提高再生水技术处理能力，加大再生水利用量。将城市污水处理厂深度处理后的再生水作为城市河道的主水源，涵养地下水，缓解城市水漏斗，促进城市生态平衡，改善区域环境质量。

（6）支持鼓励公众参与

河道生态化整治的目的是改善民生，提高城市的经济发展水平，建设和谐社会，是涉及沿河流域千家万户切身利益的大事，如果河道整治方案不科学，考虑不周全，不但浪费大量资金，且会影响周边居民生活，影响政府形象。因此，在河道整治的策划阶段就应建立公众参与机制，广泛征求沿河流域居民和专家的意见，给予沿河流域居民充分知情权、参与权和建议权。应当吸取以往教训，避免因理念落后和操作不当造成不必要的经济和生态损失。

4.1.5　德国鲁尔区埃姆舍河生态治理工程

4.1.5.1　项目概况[10,11]

埃姆舍河全长约 70km，位于德国北莱茵的威斯特法伦州鲁尔工业区，是莱茵河的一条支流；其流域面积 865km^2，人口约有 230 万人，是欧洲人口最密集的地区之一。该流域内煤炭开采量大，导致地面沉降，河床遭到严重破坏，出现河流改道、堵塞甚至河水倒流现象。另外，鲁尔工业区的大量工业废水与生活污水直排入河，河水受严重污染，致使埃姆舍河曾是欧洲水体最脏差的河流之一。

4.1.5.2　水体污染状况分析

① 河流地貌和生态区域：生态区域独立的河流类型。洪泛区较大（300 多米宽），河流阶地较低。

② 河流形态简述：河流坡降较缓，蜿蜒流淌，多汊河道；河道流经主河道的洪泛区；洪泛区对支流的水文状况有影响。

③ 水质物化状况：水质的物化状况是由河流阶地或延伸的集水盆地的土质-土壤条件决定的，因此很难给出一个大致参数范围。

④ 非生物概况：流域面积 10～300km^2；谷底坡降小于 2‰；流动类型为水流不太明显的河段和明显流动的河段交替出现，几乎无紊流；而河床底质除有机质底质外，河流阶地沉积物或延伸的集水盆地构成了河道底质。

⑤ 水文状况：全年中流量大小随主河道的水文情况发生大小波动。

⑥ 大型无脊椎动物群落特征：功能种群-水流缓慢的河段和静水河段相结合的特征，导致了在这两种环境下生存了大量物种。

⑦ 大型植物和底栖植物群落特征：河流特点是生长丰富的大型植物群落。

⑧ 鱼类区系特征：水流和底质的高度多样性使鱼类区系的物种丰富多样。通常有存在于流动和停滞的水体的物种，此外还有一些对流动性不敏感的物种，一些喜欢在矿石底质或大型植物中产卵的物种。

4.1.5.3 治理方案

（1）治理历程

德国专家根据当时地面下陷、河流污染严重的现状，研发了适用于该地区的排污方法，填埋塌陷河道，河流被截短、挖深和取直，同时对埃姆舍河及其支流进行混凝土硬化并修建水堤，把埃姆舍河及其支流扩建成为开放式、高效排污系统，污水与雨水等其他自然水源分流。埃姆舍协会在进行污水处理时先考虑保护莱茵河。直到20世纪90年代中期，分别在位于埃姆舍河的三个出口（干流出口、老埃姆舍河出口和小埃姆舍河出口）处建立了三个集中污水处理厂承担该河流主要的污水处理任务，地区内所有水流入莱茵河前都在此经过处理，但开放式排水系统给该地区的污水处理带来很大负担。

20世纪80年代末，埃姆舍协会对流域进行了新的治理规划，规划的重点如下。

① 雨水和污水分流改造，在各个支流旁边铺设地下污水管网，用于收集城市污水并直接输送到污水处理厂，污水经处理后排入埃姆舍河。

② 拆除埃姆舍河及其支流现有混凝土设施，并在河流两岸种植植被，恢复其自然状态和水体自净能力，干净的雨水及其他未被污染的天然水体直接在河内流淌。

③ 该项工程投资预算44.5亿欧元，计划于2025年完工。根据新的改造措施，现已有部分支流改造完成，渐有成效，河流两岸处处青草地绿树成荫，清澈的河水清晰地照出人的倒影。

（2）治理措施[10,11]

1）雨污分流改造和污水处理设施建设　流域内城市历史悠久，排水管网基本实行雨污合流。因此，一方面实施雨污分流改造，将城市污水和重污染河水输送至两家大型污水处理厂净化处理，减少污染直排；另一方面建设雨水处理设施，单独处理初期雨水。此外，还建设了大量分散式污水处理设施、人工湿地及雨水净化厂，全面削减入河污染物总量。

2）采取“污水电梯”、绿色堤岸和河道治理等措施修复河道　“污水电梯”是指在地下45m深处建设提升泵站，把河床内历史积存的大量垃圾及浓稠污水送到地表，分别处理处置。绿色堤岸是指在河道两边种植大量绿植并设置防护带，既改善河流水质又改善河道景观。河道治理是指配合景观与污水处理效果，拓宽、加固清理好的河床，并在两岸设置雨水、洪水蓄滞池。

3）统筹管理水环境水资源　为加强河流治污工作，当地政府、煤矿和工业界的代表于1899年12月14日在波鸿市成立了德国第一个流域管理机构，即“埃姆舍河治理协会”，独立调配水资源，统筹管理排水、污水处理及相关水质，专职负责干流及支流的污染治理。治理资金60%来自各级政府收取的污水处理费，40%由煤矿和其他企业承担。

4.1.5.4　修复效果评价

河流治理工程预算为45亿欧元，已实施了部分工程，预计还需一段时间才能完工；流经多特蒙德市的区域已恢复自然状态（见文后彩图5）。

4.1.5.5　启示

① 在德国其他流域的成功治理模式也是成立了水污染综合防治合作性的水协会。其主要任务是负责管理各自河流流域，排水、污水处理及水质管理，并在水资源开发利用方面协调和统一调配。德国的流域治理不按行政区域划分，流经不同行政区域的河流及其支流治理（包括流域内的污水处理厂）统一由各河流协会管理。各行政环保部门只对所属行政区域内的河流水质、污水处理厂运行与排水达标情况不定期严格监察，如发现超标排放，对相关水协会予以严厉处罚。埃姆舍河流域治理统一由埃姆舍协会管理运作的方式值得借鉴。

② 在德国，埃姆舍河在环保史上经历的是“先污染、后治理”过程。其治理过程十分漫长，符合污染与治理的菱形规则，河流生态系统短时期难以恢复。它的历史变化说明要防止走“先污染、后治理”的老路。应该遵循开发必须实行保护式的开发原则，要坚持在开发中保护，在保护中开发，避免“新一轮开发，新一轮污染”，绝不能再犯以牺牲绿水青山为代价换取金山银山的历史性错误。积极推行排污权交易，加大严重污染物排入河道的水环境综合整治力度。限制流域内布局污染企业，确保水环境质量，对流域内

所有新改扩建项目都要严格执行环境影响评价和“三同时”制度，禁止新建不符合国家产业政策的项目和经过评价可能导致环境质量持续恶化的项目。大力发展循环经济，鼓励利用可再生资源，积极推进企业清洁生产。加大环保宣传力度，提高公众环保意识，建立政府、企业和公众等多层面共同参与和推进的环境监管体系。

4.1.6 奥地利多瑙河生态治理工程

4.1.6.1 项目概况[12,13]

多瑙河全长2850km，是欧洲第二长河，奥地利首都维也纳市地处其中游。维也纳多瑙河综合治理开发，形成了一套现代化的河流综合治理和开发体系，即在传统治理理念基础上突出“生态治理”概念，并运用到防洪、治污和经济开发等各个领域。

4.1.6.2 治理方案

(1) 建设生态河堤

恢复河岸植物群落和储水带是维也纳多瑙河治理和开发的主要任务之一。此工程基于现代的“亲近自然河流”的概念和“自然型护岸”技术，放弃单纯的钢筋混凝土结构，改用无混凝土护岸或钢筋混凝土外覆盖植被。既考虑具有一定强度、安全性和耐久性，也充分考虑生态效果，把河堤由过去的混凝土人工建筑改造成适合动植物生长的模拟自然状态的护堤。

(2) 优化水资源配置和使用

依靠维也纳附近水资源丰富的山地和森林，维也纳城市的水供应99%来自地下水和泉水，避免了城市污/废水和多瑙河水的直接循环，使多瑙河得以保持原始生态。目前在维也纳，除了约50台的小型净水设备外，工业废水和居民生活污水主要由设在维也纳郊区、濒临多瑙河的布鲁门塔尔和希莫凌的两座大型综合污水处理中心负责。在净化水的质量达到环保标准后，大部分净化水被排入多瑙河，少部分则直接渗入地下补充地下水。政府立法严禁将污/废水直排多瑙河，严格审批在多瑙河两岸设立的工业企业数量，对审批后的企业严格监管。

（3）修建水电站

1997 年，维也纳市政府选择在多瑙河流域维也纳的弗奥德瑙地区修建水电站。它的主要作用并非发电，而是调控维也纳多瑙河的水位和流速，降低洪灾风险，同时方便多瑙河的生态保护与开发。洪水来临时，洪水防治体系发挥了作用，水电站和四条河道充分发挥了疏导功能。

（4）设立专款专项

在维也纳，由联邦、州和市政府三个专项拨款形成了洪水防治资金，每年数额上百万欧元，主要用于完善洪水预报体系、拓宽河道和规划建造蓄洪区，在一些滨河居民区修建或加固防洪堤坝。维也纳针对居民区的洪水预防体系，给每个滨河区域都制定了相应的洪水风险评估等级，并制定相应的应对方案，与专门机构负责监督和实施。

4.1.6.3 修复效果评价

经过近几个世纪的改造，多瑙河在维也纳城市范围内被分为四段，即主河道、作为支流的老多瑙河、新多瑙河及多瑙运河。这既是基于防洪、生态和经济开发等因素综合考虑的结果，也是维也纳人上百年河流治理经验的结晶。正是这套系统使维也纳经受住了 2002 年欧洲百年大洪水的考验，也使今天的维也纳人可尽情享受河流生态开发的硕果。近年来，在传统河流治理理念基础上，突出“生态治理概念”成为维也纳城市河流治理的一大特点，并贯穿到防洪、经济开发和治污等领域。

奥地利多瑙河治理前后对比如文后彩图 6 所示。

4.1.7 美国基西米河水体修复工程

4.1.7.1 项目概况[14]

基西米河位于美国佛罗里达州中南部，经基西米湖向南流入奥基乔比湖，以基西米湖出口为界分为上游和下游。流域总面积为 6320km^2（不包括伊斯卡托波加湖)，其中上游 41230km²，下游 2000km²。介于基西米湖和奥基乔比湖之间的干流，渠化前在长约 90km、宽 1.6～3.2km 的河漫滩上蜿蜒盘行 166km，水深一般为 0.3～0.7m。由于降雨充沛、季节差异较大，使得水流具有明显的丰枯特点。加上河道的自然蜿蜒状态，河水流动非常慢，常漫过自然河岸，在两岸滩地上形成约 140km² 的沼泽和湿地，为各种水生生物提供了极佳生存条件，有多达 300 种以上的野生动植物栖息其中。整个基西米河流域内湿地生物群落发育繁荣，食物链复杂，是佛罗里达州重要的自然生态环境和旅游资源。随着区域社会经济的发展，出于防洪排涝之需，基西米河在 1962～1971 年逐渐被渠化为一条长 90km、深 9m、宽仅 100m 的几段近似直线的人工河组成的运河，河长缩短了 38%，河道过流能力提高，可防御 5 年一遇洪水。此外，为航运所需，沿河修建了 6 级拦河坝，除最上游一级直接控制基西米湖的出流外，沿河形成 5 级河道型水库（见图 4-5）。

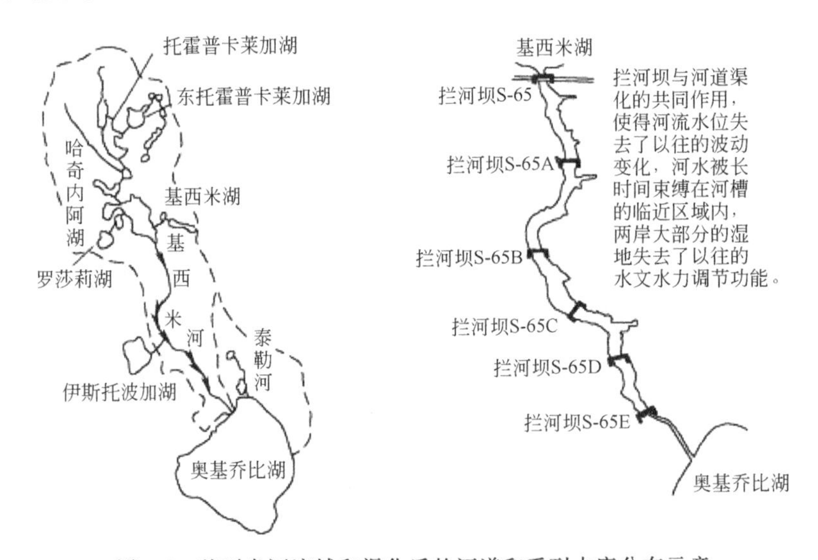

图 4-5 基西米河流域和渠化后的河道和系列水库分布示意

随渠化工程实施，河流周边地区的生态系统发生了剧变。首先，堆放开挖河槽的泥土占用了滩地面积约 32km²，其中湿地面积约 25km²。更严重的是，渠化工程和拦河坝控制破坏了以往的自然水文水力条件。因每级库区的水位基本不变，使季节性水位浮动消失，水流失去了大面积漫滩机会，两岸原有大片河滩沼泽湿地因缺水而迅速消失，减少面积达 105～125km²。此外，部分原有沟道和河槽却因为长期低流量或无流量使其中滋长了大量外来浮游植物，死去植物所形成的有机质堆积层消耗了水体中大部DO，恶化了水质，影响到下游区域引水。而生活其中的各种鱼类和水禽也因赖以生存的自然环境的破坏而渐渐减少消失，原有食物链遭到破坏。

4.1.7.2　生态修复工程

在联邦政府第一次可行性研究的基础上，南佛罗里达水资源管理局在1984～1990年开展了基西米河示范工程（见图4-6）。工程内容主要是在拦河坝S-65A和S-65B之间横跨河道修建3个拦河坝，安装有可开启的钢制拦河闸，并预留开口以保证通航，将来水抬高并引导到运河两旁原有的河道和河滩湿地里，同时通过调整上游水库运用方式，在面积11km^{2}的湿地上重新形成原有的季节性水位浮动，营造一个水流能漫没的沼泽湿地生态系统。

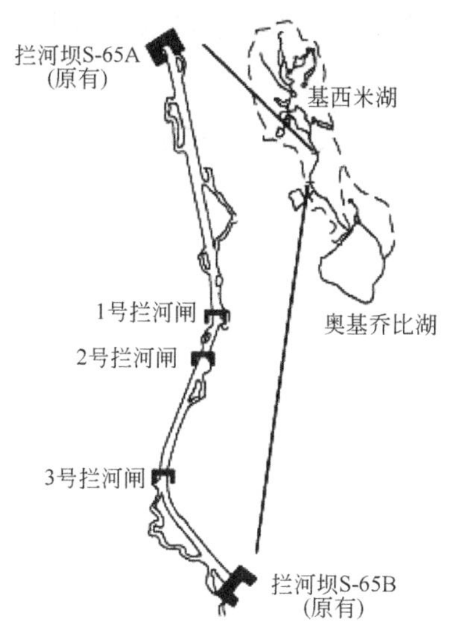

图4-6　基西米河示范工程布置[14]

示范工程在有限河漫滩上重塑了渠化前的水流流动方式。水位浮动和回水增加了河滩沼泽地带的淹没频率，恢复到河道渠化前原有频率的25%，因此形成的沼泽地与河道间的水流交换将沼泽地里的有机质累积层重新带回河道，使原有砂质覆盖层得到更新。动植物也对示范工程显现积极反应，植物群落在新的适宜水文环境条件下，开始重塑原有自然状态，无脊椎动物、鱼类、水鸟及涉禽也因自然生态环境的恢复而开始重现。所有原有动植物无论在种类和数量上都得到了增加，这些积极的效果说明了示范工程措施有效，可通过恢复原有水文环境来修复流域的生态功能。

4.1.7.3 大规模生态修复工程

根据1988年10月基西米河生态修复研讨会制定的标准和目标，南佛罗里达水资源管理局在1990年提出了《可选方案评估与初步设计报告》，提出了系列修复流域生态的比选工程计划，主要有以下几项。

① 拦河坝计划：新建10个拦河坝，抬高水位，使河水能漫没到两岸的河滩沼泽。

② 堵塞计划：新建10个永久的河道堵塞结构，起抬高水位、引流入滩的作用。

③ Ⅰ级回填计划：回填10个部位，将水引到渠道附近的原有河道，保留部分现有建筑。

④ Ⅱ级回填计划：从拦河坝S-65B形成的水库中部开始，持续回填河道一直到拦河坝S-65E以北3.2km处。

该计划将拆除3个拦河建筑物（S-65B、S-65C和S-65D）和相关溢洪道、附属建筑及束水堤（后实际改为：S-65B和S-65C 2个）。随后对上述比选方案的评估认为，拦河坝计划、塞堵计划及Ⅰ级回填计划不能满足生态修复的目标。这些计划有可能形成过大的河流流速、过快的水位回退速度及不充分的浸没条件，通过在84km长的河道上和97.1km^2的滩地上重建渠化前的水文特性，Ⅱ级回填计划可达到生态恢复目标。Ⅱ级回填计划可恢复面积约90.6km^2的河流系统的生态完整性。

1990年美国陆军工程兵团负责展开了第二次可行性研究。研究以南佛罗里达水资源管理局提出的Ⅱ级回填计划为基础，集中在如何具体实施基西米河生态修复工程，并对其效果进行跟踪观测和研究。整个工程可分为上游生态复兴工程和下游二级回填工程，从奥兰多市以南一直向南延伸到奥基乔比湖（包括了整个基西米河的上下游流域），共7000多平方公里。工程总费用1997年估价为4.14亿美元，为最初渠化工程费用的8倍，其中1/2的资金来源于佛州拨款，另外 1/2 由联邦政府提供。

（1）基西米河上游生态复兴工程

该部分是下游回填工程的基础和前提，旨在通过调整上游系列湖链间湖水的调节方式和调控设施，在上游的湖中形成更明显的或恢复到渠化前的水位浮动，再重新形成具有季节性特点的水流从基西米湖流入下游。涉及的工程改建有：扩宽改进汇入基西米湖的 C36 和 C37 两条运河，提升基西米河南出口处的拦河坝 S-65 的过流能力等。

（2）基西米河下游Ⅱ级回填工程

下游工程的目的是回填部分被渠化的河道，恢复到渠化前的自然蜿蜒状态，加上上游来水的调整，形成原有的季节性水位浮动，最终达到全面重塑基西米河生态系统的目的。工程将回填共计 35.4km 的渠化河道，重新开挖渠化工程中被回填掉的原约 14.5km 河道，以配合部分残余河道连接形成蜿蜒形态的河道，还将拆除 S-65B 和 S-65C 两处拦河坝，此外还有系列相应的河堤改造、附属设施更替等。整个回填工程始于 1999 年春，最终计划在 2010 年全部完成。为了监测生态修复效果，在工程进行的同时组织实施了 4 个监测项目。

① 生态监测，包括有野生生物监测、濒危物种监测、鱼类栖息地分析、水质监测以及生态功能研究等。

② 水力监测。

③ 泥沙淤积监测。

④ 工程稳定性监测。

4.2 国内黑臭及重污染水体治理案例

目前我国许多城市对市内河道进行了综合整治，改善河道的生态环境。经历了控源和生态修复等措施的河道，其生境逐步良性化。本节收集的案例主要集中在我国南方，少部分在我国北方。国内主要黑臭水体修复案例见表 4-2。其中，海口美舍河案例 2018 年入选了全国黑臭河流生态治理十大案例。

表 4-2 国内主要黑臭水体修复案例简表

编号	建设项目	建设规模(占地面积 m^2、河段长宽 m)	报道起止时段	模式(PPP,EPC 等)	工程内容(主要工艺、各单元面积)及成效(黑臭去除、生态修复、污染物去除)	参考文献
1	海南省海口市龙昆区典型水体水环境治理工程	主要包括白水塘、滨濂沟、金牛湖、西崩潭、东崩潭、东西湖、大同沟、龙昆沟、龙珠湾、万绿园人工湖和电力沟等 11 条水体,涉及河流总长 7km,湖泊水面面积 57.58hm^2,总流域面积 35km^2	2016～2018 年	PPP	制定“应急与常规治理相结合”,“一沟一湾两湖分区治理(白水塘、龙珠湾、万绿园与电力沟四大片区)”,“分类与分期治理”,“外源截减-雨污系统截流-水动力优化-面源污染控制-底泥环保疏浚-水生态修复-景观提升-长效管理”的技术路线	[15]
2	海南省海口市东西湖生态修复工程	水域总面积为 7.5hm^2,建立截污纳管、内源治理(河道清淤)、生态浮岛、生态修复、景观提升等工程	2016～2018 年	—	以提升水体自净能力为目标,从污染控源和水生态修复两方面着手,融入海绵城市建设理念,结合水动力改善和长效运营机制建立截污纳管、内源治理(河道清淤)、生态浮岛、生态修复、景观提升等技术措施	—
3	海南省海口市美舍河-沙坡水库水环境综合治理 PPP 项目	沙坡水库流域面积 27.46km^2,截污纳管 86 个,共截留污水近 8×10^4t/d,累积清理淤泥约 $29\times10^4m^3$,新建三个一体化污水处理站及其配套污水收集管网,污水处理规模分别为 6000m^3/d、500m^3/d 及 1000m^3/d,设计出水水质一级 A	2016 年至今	PPP	采用“控源截污+内源治理+生态修复”的多元系统水环境提升战略,以系统思维的方式融入海绵城市、生态治水、基础设施修复、城市更新的理念。优先完成控源截污和内源治理,同步实施水生态修复和景观提升,将治水与景观结合起来,持续推进生态治水	—

续表

编号	建设项目	建设规模(占地面积 m^2、河段长宽 m)	报道起止时段	模式(PPP，EPC 等)	工程内容(主要工艺、各单元面积)及成效(黑臭去除、生态修复、污染物去除)	参考文献
4	海南省海口市福创溪-大排沟水环境综合治理PPP项目	建设内容包括河道疏浚工程、河道截污工程、河道生态修复工程、沿岸景观绿化工程及信息监控工程等，福创溪河道治理长度为 7.40km，大排沟河道治理长度为 0.75km	—	PPP	建设内容包括河道疏浚工程、河道截污工程、河道生态修复工程、沿岸景观绿化工程及信息监控工程等，采用 PureBoat 系列微生物魔船、Pureoxy-Ⅱ系列喷泉曝气机、生态浮岛以及淤泥异位再生技术等技术措施	—
5	广西壮族自治区南宁市那考河黑臭水体治理工程	南起茅桥湖北岸，穿湘桂铁路、长罡路、厢竹大道、药用植物园、昆仑大道，北至环城高速路。治理主河道长 5.15km，支流河道长 1.2km，全长 6.35km	2015～2017 年	PPP	上游新建 1 座日均处理量 5t 的污水处理厂，将处理后的尾水经生态净化后排入拟建河道；利用曝气增氧、生态浮岛和水生植物等系列生态工程，恢复河道生态；并在河道两侧 8～120m 绿地范围，打造一条以植物多样性为主的生态绿道走廊；引入“海绵”建设理念，构建生态和谐环境，通过设置大量下沉式绿地、雨水湿地、植草沟“海绵体”，对雨水进行自然调节。2017 年 3 月，那考河项目正式投入运营，水质指标已基本满足地表Ⅳ类水水质指标，河道行洪满足 50 年一遇的洪水标准要求	[16～21]
6	云南省昆明滇池重污染湖湾治理工程	湖面南北长 40km，东西平均宽 7km，最宽处 12.5km，湖岸线长 163.2km。当水位高程为 188.65m 时，平均水深 4.4m，最大水深 10.9m，水面面积 $300km^2$，容积 $12.9\times10^8m^3$	2000 年至今	—	增加区域水资源总量，提高滇池的水环境容量并保证其生态环境用水；对滇池入湖河流实施总量控制；加强水污染治理，阻止污水入湖；缩短入湖污染物的滞湖时间，改善物质出入湖不平衡状况	[22～25]

续表

编号	建设项目	建设规模(占地面积 m^2、河段长宽 m)	报道起止时段	模式(PPP,EPC 等)	工程内容(主要工艺、各单元面积)及成效(黑臭去除、生态修复、污染物去除)	参考文献
7	上海市苏州河(吴淞江)整治项目	共进行了三期,历时 11 年,总投资约 140 亿元人民币。一期工程主要以消除苏州河干流黑臭以及与黄浦江交汇处的黑带为目标,10 项工程;二期工程主要以稳定水质、环境绿化建设为目标,8 项工程;三期工程主要以改善水质、恢复水生态系统为目标,5 项工程	1998～2008 年	PPP	一期工程包括苏州河支流污水截污工程、石洞口城市污水处理厂建设工程、综合调水工程、支流建闸控制系统、底泥疏浚、河道曝气富氧、环卫码头搬迁和水面保洁工程、防汛墙改造工程、虹口港、杨浦港地区旱流污水截流工程、虹口港水系整治工程等 10 项工程;二期工程包括苏州河沿岸市政泵站雨天排江量削减工程、苏州河中下游水系截污工程、苏州河上游地区污水处理系统工程、苏州河河口水闸建设工程、苏州河两岸绿化建设工程、苏州河梦清园二期工程、市容环卫建设工程、西藏路桥改建工程等 8 项工程;三期工程主要包括苏州河市区段底泥疏浚和防汛墙改建工程、苏州河水系截污治污工程、苏州河青浦地区污水处理厂配套管网工程、苏州河长宁区环卫码头搬迁工程等 5 项工程。目前,河道黑臭现象逐步消除,水质明显改善,生态系统逐步得到恢复,市容明显改善,滨河绿地增加改善了市民的生活环境	[26～41]
8	上海市青浦区大莲湖生态修复工程	总面积 $14.6km^2$,核心区面积 $4.6km^2$	2008～2009 年	—	塑造地型、设计护坡、调整水系、配置植物、构造快速渗透系统	[42]
9	上海市外浜河道黑臭水体治理与生态修复工程	该治理段从整体上属于外浜水系的一部分,全长约 900m,河面宽 12m。河底平均高程约 1m,河底宽 2～4m;河道常水位高程 2.3～2.6m,河水深 1.5m	2005～2007 年	—	建水闸,底泥固化,生物膜强化处理,投放微生物,曝气造流,水生植被构建,水生生物食物链构建。经工程治理后,各项指标基本达到上海市水务局规定的“中心城区河道消除黑臭生化指标”。水体 DO 稳定升高,均在标准值 2.5mg/L 以上,透明度 30～48cm	[43]

续表

编号	建设项目	建设规模(占地面积 m^2、河段长宽 m)	报道起止时段	模式(PPP,EPC等)	工程内容(主要工艺、各单元面积)及成效(黑臭去除、生态修复、污染物去除)	参考文献
10	江苏省常州市柴支浜南支多元生态净化与修复工程	长约1000m,南段宽8～12m,北段宽10～40m,水面面积总计10000m^2,水深1.5～2.0m,水量约15000～20000m^3	2011～2014年	—	用新型强化生态浮岛(植物生态浮岛、高效能载体与微型太阳能充氧造流相结合),净化水质、遏制黑臭,依靠跌水曝气,补充DO,对暂未截流的污水排口发挥生态拦截作用等,提升水体水环境质量。短期应急处理,针对极端条件、恶臭等问题,用制剂强化处理如底泥污染释放抑制剂等技术。修复后总体可达Ⅲ类水体	[44]
11	江苏省苏南地区某镇中心河治理工程	总面积7km^2。外河流常水位2.7m,下同,最高水位4m,最低水位2.3m。中心河从南边同心闸至北边新民北站,全长3.8km,平均宽度18m,平均水深2.5m。	2009～2010年	—	外源截污,内源加药控制,总体水质采取的修复方案为人工曝气＋投加KOT菌剂的治理方法	[45]
12	江苏省常州市白荡浜黑臭水体生态治理与景观修复工程	水深为1.5～2.5m,透明度＜15cm,长约200m,宽约40～50m,面积约9000m^2	2010～2011年	—	(1)在泵房进水口、污水溢流口、低洼地排水口设置复氧曝气备用系统,进行复氧曝气预处理; (2)底质改性技术以产品菌介人工艺实施水体底质生物修复,原位降解底泥中的有机污染物; (3)人工造流技术是对水体流动性差的河段设计布置造流器,人工造流,保持水体循环、流动; (4)在生物栅和净化浮岛中设置浮水植物,在人工湿地和景观浮岛中设置挺水植物; (5)在富营养水体中通过放养滤食性动物,实现生产力转换,控制水华发生,恢复和维护健康的水生态系统	[46]

续表

编号	建设项目	建设规模(占地面积 m^2、河段长宽 m)	报道起止时段	模式(PPP,EPC 等)	工程内容(主要工艺、各单元面积)及成效(黑臭去除、生态修复、污染物去除)	参考文献
13	江苏省南京生态科技岛河道生态修复工程	岛内拥有大量河道、水塘,水系总长 40km,共有贯通性河道 11 条,水域总面积约 $13.5\times10^5m^2$	2012 年	—	建立高效生物膜降解系统,水生植物生态系统,水生动物生态控藻系统;设置河道曝气系统	[47]
14	江苏省昆山市凌家浜河黑臭水体生态修复工程	长约 600m,宽为 10～60m,水域面积约 $1.8\times10^4m^2$,水深为 0.5～2.8m;河道呈 L 形	2012～2014 年	—	建立生物膜强化污染物降解系统,水生植物生态系统,水生动物生态控藻系统;设置河道曝气系统	[48]
15	江苏省无锡五里湖水环境治理工程	五里湖是梅梁湖(太湖的一个湖湾)伸入陆地的一片水域,东西长 6km,南北宽 0.3～1.5km,面积约 $6km^2$;平面形状呈两头窄,中间宽,常年水位 3.07m,平均水深 1.60m,容积 $8.24\times10^6m^3$	2004～2010 年	—	(1)控源减污,对直接入湖的工厂、饭店等点源污染源截流,沿湖修建污水管道;在各河道修建闸站阻挡污染河流入湖; (2)生境改善,环保疏浚去除表层污染底泥;修复部分湖滨带的基底,使陡岸变成缓坡或浅台,并结合退渔还湖的实施营造生态重建的条件。生态重建,在湖滨带浅水区种植挺水植物芦苇、香蒲、茭草、菖蒲和鸢尾,在挺水植物内侧种植浮叶植物荇菜、睡莲、金银莲花和菱等,在敞水区种植沉水植物马来眼子菜、狐尾藻、菹草、苦草和黑藻等; (3)稳态调控,放养了螺蛳和河蚌以改善底质环境	[49,50]
16	浙江省温州市九山外河水质净化工程	示范段河道全长约 $1.5\times10^4m^2$,河道平均宽度约 13m,河底高程约-0.5～0m,水面面积约 $3.12\times10^4m^2$,水体槽蓄量约 $4.0\times10^2m^3$,疏浚前底泥厚约 0.58m	2009～2012 年	—	疏浚与截污纳管,增氧强化,原位生态净化设计,内源污染控制与底栖生境修复。修复后水质可达Ⅴ类	[51]

续表

编号	建设项目	建设规模（占地面积 m^2、河段长宽 m）	报道起止时段	模式（PPP，EPC 等）	工程内容（主要工艺、各单元面积）及成效（黑臭去除、生态修复、污染物去除）	参考文献
17	湖南省常德滨湖公园水质改善与生态修复工程	占地 $27.24\times10^4m^2$，其中水域面积 $15\times10^4m^2$，平均水深 1.8m，最大水深 3m	2013～2015 年	—	水体生态系统构建工程，种植大型维管束植物（特别是沉水植物），滨湖水体生态系统构建工程，种植滨岸带挺水植物、近岸带浮叶植物和水体沉水植物，择机放养滤食性鲢、鳙等鱼类和螺、蚌等底栖动物。重点区域强化净化工程，设置曝气充氧和人工水草强化净化水体水质。湖泊景观节点营造工程，构建景观型生态浮岛。长效管理系统的建立。严控外源污染、建立水质跟踪监测系统、水生态系统的监测与种群结构优化调控、水体原位强化净化设施维护保养、应急处理方案	[52]
18	福建省晋江内沟河水体生态修复工程	全长 1470m，宽 25～30m，常水位为 2.0m，平均淤泥厚 1.2m，蓄水总量约 $55200m^3$	2013～2014 年	—	迁移污染企业，清理淤泥，新建截污管道后，完善市政水利设施，引水冲污，改造原来临时污水泵站。绿化改造	[53]
19	福建省厦门五缘湾湿地公园水体生态修复工程	全园南北长约 3km，东西宽约 0.5km 的狭长水道及区域	2008～2009 年	—	复合营养制剂矿化底泥，高效微生物净化，人工浮岛净化技术，生物栅技术，增氧推流技术，复合滤床处理技术及人工湿地技术	[54]
20	北京市通惠河（通州段）水环境状况及其生态护岸工程	针对通惠河 4.3km 的通州段，上口宽由 70m 左右扩宽至 100～200m，河道内水面宽 60～84m，绿化带宽 110～190m	2012 年至今	—	疏浚河底淤泥，控制内源；在八里桥处建立水质处理站，在河道南岸修建引水管道，将上游来水引入八里桥水质处理站处理；在西海子公园北侧建设潜流湿地，控制径流雨水；采用生态修复和水循环系统进一步净化水质。有效控制河岸侵蚀，截留地表径流中的泥沙和养分，利于保护城市河流水质	[55]

续表

编号	建设项目	建设规模(占地面积 m^2、河段长宽 m)	报道起止时段	模式(PPP，EPC 等)	工程内容(主要工艺、各单元面积)及成效(黑臭去除、生态修复、污染物去除)	参考文献
21	山东青岛市李村河黑臭水体治理工程	上游(百果山-青银高速)段约 8.4km 综合整治;基本完成李村河下游(君峰路-入海口)段约 5.6km 综合整治;2017 年进行李村河中游(青银高速-君峰路)段约 3km 综合整治。整治内容主要包括:截污、防洪、生态修复、蓄水和景观环境建设等	2009 年至今	—	贯通截污主干管,完善污水管网系统;加快李村河污水处理厂改扩建,提升污水处理能力,并同步进行上游污水处理厂建设;推进河道支流截污及点源污染治理;发挥河道临时截污措施的辅助作用;采用生态驳岸、拦蓄水、滨水湿地、下沉绿地等措施渗、滞、蓄、净化雨水;上游结合河道地形地貌和景观设计建设多级蓄水坝,解决河道补水、蓄水问题;在入海口处建设一座挡潮闸,解决赶潮段海水入侵问题	[56]
22	山东省曲阜市污染河水人工湿地水质净化及生态修复工程	建设沂河、蓼河、崇文湖人工湿地水质净化及生态修复工程,深度处理污染河水。处理河道总长 37km,占地 7000 亩	2012 年至今	—	基于技术稳定、经济可行和管理简便的设计原则,综合考虑水质净化与生态保护相协调、环境效益和经济效益并重、工程建设和产业结构调整统一,确定工艺方案为生物滞留塘+河道走廊式人工湿地+表面流人工湿地	—
23	河南省济源市苇泉河污染治理和生态修复项目	河道治理及生态修复的长度为 10km;第一行政区建设 1 个污水处理站,处理规模为 $800m^3/d$;建设 6 个标准化排污口	2016～2017 年	—	表面流湿地、溢流堰建设和湿地植物种植对河道进行治理及生态修复;应用 A^2/O 一体化设备和生态土壤渗滤床在第一行政区建设 1 个 $800m^3/d$ 的污水处理站;建设 6 个标准化排污口	—

续表

编号	建设项目	建设规模(占地面积 m^2、河段长宽 m)	报道起止时段	模式(PPP,EPC 等)	工程内容(主要工艺、各单元面积)及成效(黑臭去除、生态修复、污染物去除)	参考文献
24	辽宁省沈阳细河黑臭水体治理工程	治理河道总长 8.24km,其中细河干流 7.233km	2016 年至今	—	(1)控源截污,建 8 条截污管道与现有市政污水管网连接,将排入细河二环至三环段的污水送至城市污水处理厂处理; (2)内源治理,主要进行垃圾清理、生物残体及漂浮物清理、底泥处理和清淤疏浚; (3)岸带修复和生态净化	[57]
25	伊通河吉林省长春城区河段排污支沟生态修复工程	流域面积 $8840km^2$,河长 342.5km。河床平均宽 15～30m。水系有一级支流 10 条,二级支流 2 条,三级支流 2 条	2014～2016 年	—	对支沟所排污水以人工湿地处理为主,其他措施为辅的集成式生态治理工程。在工程设计上,沿水流方向设计“4 段式”梯级治理模式,即沉淀截留段、湿地处理段、生物填料处理段和植物修复段,以减轻支沟对伊通河主河道的污染负荷,并与周围景观协调,改善其周围环境质量。修复后的水质可达Ⅴ类水	[58]
26	伊通河吉林省新立城水库段乡村面源污染控制修复技术及工程实施	研究河段位于伊通河新立城水库大坝至坝 6.0km 处	2009～2010 年	—	河岸带植被缓冲带构建、多功能生态鱼塘系统构建和河道内的微地形调整等	[58]

注:1 亩≈$666.7m^2$,下同。

4.2.1 海南省海口市龙昆区典型水体水环境治理工程[15]

我国近几年来黑臭水体问题日益严重，主要因城镇排污量大，且截污治污、管网等设施建设滞后于城市开发建设，导致生活污水和工业废水肆意入河，造成水生态系统严重退化，自净能力大幅下降，甚至消失，从而水体黑臭，严重影响了居民生活和城镇生态景观。由于黑臭水体位于城镇之中，与居民生活密切相关。所以，污染治理刻不容缓。2015 年 4 月国务院发布的《水污染防治行动计划》（“水十条”），明确了黑臭水体治理的目标，到 2017 年年底前，直辖市、省会城市、计划单列市建成区基本消除黑臭水体。到 2020 年，地级及以上城市建成区黑臭水体均控制在 10%以内。到 2030 年，城市建成区黑臭水体总体得到消除。2016 年，多部门连续发布配套的技术指南，技术政策和财政扶持政策，全国各地也开始制定黑臭水体治理计划。可见，国家治理决心坚定，黑臭水体治理将成为未来水环境治理的重要领域。

结合近年的我国相关政策法规，将管网新建改造、污水厂改扩建升级、雨水初期污染和其他面源治理、海绵城市与畜禽养殖治理等与黑臭水体有关的项目均综合考虑在内，推进使用 PPP 城市黑臭水体的治理方式，且以项目整体打包方式为主，甚至包括给水厂、污水处理厂等优质资源。

4.2.1.1 项目区概况

海口市水系网络主要由 6 大水系组成，包括秀英水系、龙华水系、美兰水系、跨区水系、琼山水系以及桂林洋水系。本项目区属于龙华区水系，为城中心水系，是海口市水系的重要部分。主要包括白水塘、滨濂沟、金牛湖、西崩潭、东崩潭、东西湖、大同沟、龙昆沟、龙珠湾、万绿园人工湖和电力沟等 11 个水体，涉及河流总长 8.16km，湖泊水面面积 76.5hm^2，总流域面积 30.31km^2（表 4-3、图 4-7）。

表 4-3　研究区水系边界条件

序号	水体类型	名称	是否感潮	流域面积/km^2	河流长度或水域面积	水深/m	宽度/m	汇水面积/hm^2
1	河流	龙昆沟	是	5.45	2.6km	0.5～1.4	8～20	545
2	海湾	龙珠湾	是	0.69	9.8hm^2	0.8	—	279
3	河流	大同沟	否	1.74	1.7km	1.5	10～18	174
4	河流	东崩潭	否	0.21	0.3km	0.2～0.4	10	21.6
5	河流	西崩潭	否	0.55	1.2km	0.3～0.6	7	55
6	河流	滨濂沟	否	1.27	1.16km	0.2～0.5	2～2.5	126.6
7	河流	电力沟	是	6.33	1.2km	0.3～0.8	30	633
8	湖泊	东西湖	否	1.41	8.56hm^2	1.0～2.0	—	141
9	湖泊	金牛湖	否	5.08	22.5hm^2	1.0～2.2	—	508
10	湖泊	万绿园人工湖	是	2.58	5.4hm^2	0.5～1.4	—	258
11	河流	白水塘	否	5.0	30.24hm^2	0.4～1.0	—	1050

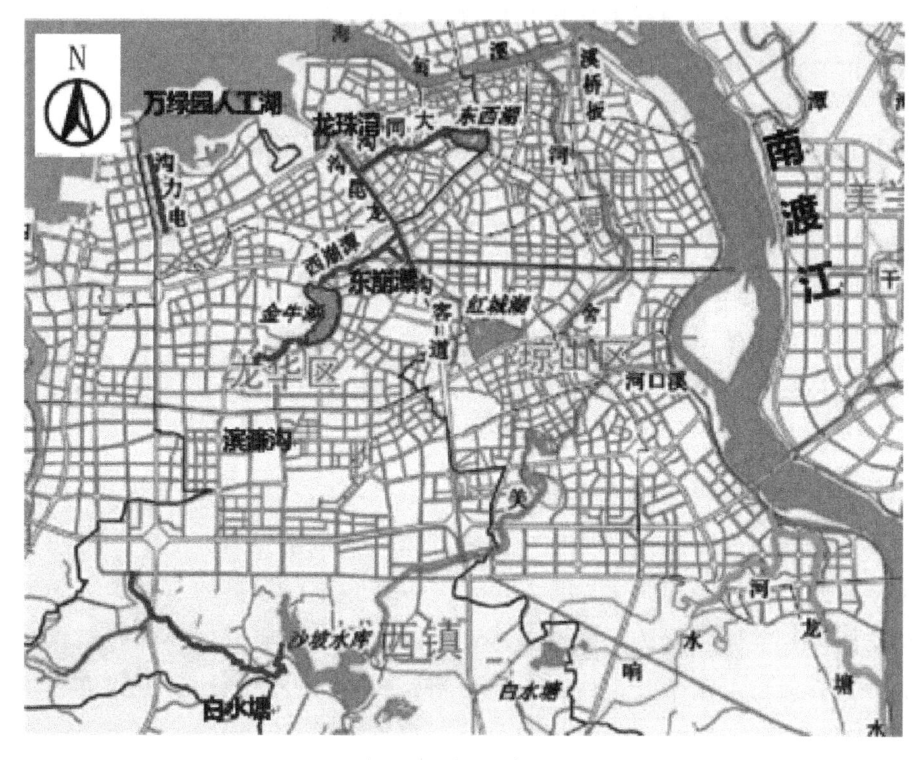

图 4-7　项目区水系图

4.2.1.2 现场调研

鉴于黑臭水体大部分无监测数据或仅有少量数据，因此，在黑臭水体整治路线制定前，必须开展目标水体环境条件和污染来源调查，结合城市发展现状及未来规划系统分析水体黑臭成因，核算污染物负荷，确定控制目标，制定治理工作实施方案。主要包括环境条件调查、污染源调查及城市建设状况调查。

① 环境条件调查主要包括水体边界条件、周边环境特征、水温条件、水体岸线及降雨洪涝状况。

② 污染源调查主要包括点源、面源及内源。其中点源指雨污直排口、合流制管网溢流口、分流制初期雨水口、水源补水、垃圾排放口等；面源指农业及畜牧业污染、地表径流以及初期雨水等；内源指底泥、水生植物及藻类污染等。

③ 城市建设状况调查主要包括给排水管网、基础设施及园林绿地等建设现状和相关发展规划。

4.2.1.3 水环境现状分析

(1) 水体污染现状分析

根据研究区11个内河（湖）水质调查结果显示（见表4-4），11个水体除万绿园人工湖外，水质均属劣Ⅴ类。其中，TP浓度为0.02～10mg/L，平均3.06mg/L，超Ⅴ类标准15.3倍；NH_3-N浓度为0.40～28.00mg/L，平均11.82mg/L，超Ⅴ类标准5.91倍；COD浓度为7.00～130.00mg/L，平均70.17mg/L，超Ⅴ类标准1.75倍；总体上，11个水体各指标超标严重，P和N是主要污染指标。结合前期市里的数据，根据黑臭水体分级判定，11个水体在一定程度上都属于黑臭水体，其中整体重度黑臭的有2个，为滨濂沟和龙昆沟；整体轻度黑臭的有2个，为东西湖和西崩潭；局部轻度黑臭的有7个，分别为白水塘、东崩潭、金牛湖、大同沟、龙珠湾、万绿园人工湖和电力沟。

表 4-4　研究区 11 个水体水质调查情况

水体编号	水体名称	监测点数/个				黑臭程度	水质类别	超标倍数/倍			
		总数	黑臭								
			无	轻度	重度			TN	TP	NH_3-N	COD
1	白水塘	3	2	1	0	局部轻度	劣Ⅴ类	1.63	15	3.5	0.92
2	滨濂沟	3	0	1	2	整体重度	劣Ⅴ类		7.5	10	3
3	金牛湖	3	2	1	0	局部轻度	劣Ⅴ类	1.27	0.25	0.75	0.38
4	东崩潭	3	2	1	0	局部轻度	劣Ⅴ类		25	10	2.28
5	东西湖	3	0	3	0	整体轻度	劣Ⅴ类	2.16	4.25	4	0.75
6	西崩潭	3	0	3	0	整体轻度	劣Ⅴ类		10	9	2.8
7	大同沟	3	0	3	0	局部轻度	劣Ⅴ类		8.75	10	1
8	龙昆沟	3	0	1	2	整体重度	劣Ⅴ类		0.12	5	2.75
9	龙珠湾	6	2	4	0	局部轻度	劣Ⅴ类		0.12	4	2.2
10	万绿园人工湖	3	2	1	0	局部轻度	Ⅳ类	0.95	0.05	0.75	0.18
11	电力沟	3	0	3	0	局部轻度	劣Ⅴ类		15	10	2.68

（2）底泥污染现状分析

在研究区 11 个水体布设了 26 个点位，采集底质样品，测定分析。结果表明（见表 4-5）：水体表层沉积物 TN 含量为 1268.18～2270.65mg/kg，平均 1473.05mg/kg；TP 含量为 382.39～705.09mg/kg，平均 481.54mg/kg。根据 EPA 沉积物等级分类，沉积物中具最低级别生态效应的 TP 含量为 500mg/kg，具严重级别生态效应的 TP 含量为 1000mg/kg；沉积物柱状样检测结果显示，分层样有机质（OM）含量>3%的泥层厚度约为 30～60cm，龙珠湾除外为 622.2cm，可能因于龙珠湾为研究区水系的入海口，外形比较窄，受回潮影响严重，且该湾需要停泊渔船，污染物常年淤积于此。本次监测结果表明，研究区水体沉积物中 TN、TP 污染较重，建议根据检测结果，针对性进行环保疏浚工程。

表 4-5　研究区底泥监测结果

名称	OM 含量大于 3%底泥厚度/cm	TP/(mg/kg)	TN/(mg/kg)
白水塘	31.2	510.53	1652.58
龙昆沟	59.8	597.94	1614.81
龙珠湾	622.2	603.00	1930.00
滨濂沟	18.4	382.39	1268.18

续表

名称	OM含量大于3%底泥厚度/cm	TP/(mg/kg)	TN/(mg/kg)
金牛湖	38.4	632.39	2018.18
西崩潭	17.4	649.88	2270.65
东崩潭	27.0	705.09	2036.26
东西湖	50.0	469.79	1530.36
大同沟	52.8	489.08	1588.23
万绿园	37.2	490.16	1591.49
电力沟	42.2	627.62	2003.87

4.2.1.4 污染源状况分析

(1) 面源污染状况分析

老城区人口密集、道路交错，临河脏乱差现象普遍，加之缺乏必要的缓冲措施，大量污染物随地表暴雨径流入水，对水环境造成严重影响；面源整治工作存在不彻底甚至反弹。经计算，本项目范围内雨水量共计 22.74×10^4t/d，其中 15.92×10^4t 成为面源污染，最大入水体雨水量 11.37×10^4t，会携带大量初期污染物入水。

(2) 排污口现状分析

现场调研结果显示，研究区11个水体排污口众多，其中白水塘7个、龙昆沟48个、金牛湖14个、东西崩潭共21个、东西湖5个加4个补水口、大同沟15个、龙珠湾4个、万绿园19个和电力沟13个。且因地势，该研究区倒灌问题严重，对截污工作影响很大，根据海口市总体规划中污水量预测的规定[17]，污水量按给水量的85%计算。主城区（白沙门服务范围）污水量计算量 $50\times85\%=42.5\times10^4\,m^3/d$。白沙门污水处理厂一期、二期总规模 $50\times10^4\,m^3/d$，现状总处理量 $48.5\times10^4\,m^3/d$。超出海口主城区污水计算量 $6.0\times10^4\,m^3/d$。说明白沙门污水处理厂现状处理水量中至少有 $6.0\times10^4\,m^3/d$ 是地下水（海水）入渗倒灌量，后期针对性采用鸭嘴阀、排门及下开式堰门解决倒灌问题，并控制河道水位。

4.2.1.5 河道防洪状况分析

龙昆沟系统的道客沟上游及其两侧的排水片区因排水管网规划标准低且排水

通道排水能力小，积水较严重；龙昆沟下游片区管网设计标准较低，积水时间较长、深度较深；大同沟系统沿线因管网设计标准偏低加之排水出路存在阻水问题，积水也较严重。故以上片区均划分为内涝中高、高风险区。白水塘为丘海大道与椰海大道交口处、景山学校地带，管网设计标准较低，积水时间较长、深度较深，加之此区域地势最低，积水无出路，故划分为内涝高风险区。考虑潮位顶托影响，确定易受潮位顶托地区为中高风险地区，评估城市内河排涝风险结果见表4-6。

表4-6 研究区内河排涝风险结果

水体	内涝风险等级	水体	内涝风险等级
白水塘	高	大同沟	高
滨濂沟	高	龙昆沟	高
金牛湖	中低	龙珠湾	中低
东崩潭	中低	万绿园人工湖	中低
西崩潭	中低	电力沟	中低
东西湖	高		

4.2.1.6 污染负荷成因分析

对现场调研结果显示（见表4-7），研究区11个水体主要受到生活污水、地表径流（初雨）及内源污染的影响，周边无工业污染。基于对排污口流量和水质监测结果估算生活污水总污染负荷，用汇水面积和初雨雨水水质监测确定地表径流总污染负荷，用底泥释放通量估算内源污染总污染负荷，污染成因分析结果见表4-7。可见，研究区水体的污染成因按从高到低排序为：地表径流＞生活污水＞内源污染。其中，初期雨水地表径流造成COD总污染负荷高达约3140.3t/a，SS约4037.2t/a，远高于其他方式所造成的污染。所以，本项目不同于一些以点源或以内源污染为主的黑臭水体项目。制定总体思路时需考虑污染成因有针对性地布置相应工程。

表4-7 研究区不同污染源总污染负荷分析

污染负荷	COD/(t/a)	NH_3-N(t/a)	TP/(t/a)	SS/(t/a)
生活污水	2966.2	377.7	94.4	3122.0
地表径流	3140.3	73.2	91.3	4037.2
内源污染	1381.2	42.4	72.2	0

4.2.1.7 总体方案设计

合理的治理思路对城市水环境改善乃至城市发展建设具有深远影响。首先，充分结合河长制、湖长制、湾长制，借鉴智库的指导，合理与全面分析环境条件、上位规划及污染成因。其次，明确治理目标和理念，基于我国治理黑臭水体原则，针对污染成因和环境条件合理安排投资和工程布局。所以，该标段的总体治理思路为："应急与常规治理相结合""两沟一湖一湾分区治理（电力沟、白水塘、万绿园和龙珠湾四大片区）""分类与分期治理""外源截减-雨污系统截流-水动力优化-面源污染控制-底泥环保疏浚-水生态修复-景观提升-长效管理"。

研究区总体治理思路设计如图 4-8 所示。

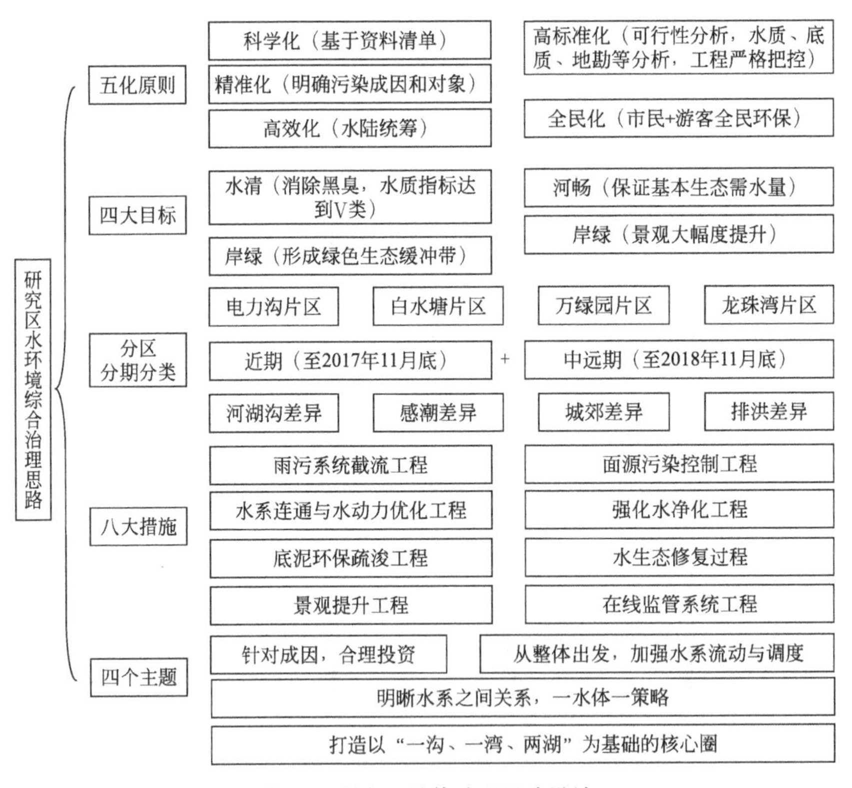

图 4-8 研究区总体治理思路设计

4.2.1.8 目标可达性分析

根据海口市总体规划及生态环境部（原环境保护部）《水污染防治行动计划》对黑臭水体治理的要求，2016 年 7 月底前消除感官黑臭。2016 年 11 月底前各水体基本消除黑臭；2016 年 12 月底前金牛湖水体主要水质指标达到《地表水环境质量标准（GB 3838—2002）》V 类标准。2017 年 11 月底前：各水体的主要水质指标达到《地表水环境质量标准（GB 3838—2002）》V 类标准。2018 年 11 月底前各水体指标达到或优于《地表水环境质量标准（GB 3838—2002）》V 类标准。根据以上目标要求，结合水质底质调查数据，以及各工程措施的去除率，分析目标的可达性。仅当污染物总量－削减量＞环境容量，目标可达。本研究区方案目标可达性分析见表 4-8。同时，对不同工程措施在污染物去除上的贡献率进行计算，对比投资结构进行优化调整，保障黑臭水体治理方案的合理性。

表 4-8 11 个水体污染物总量、削减量、环境容量及目标可达性分析

指标	污染物总量/(t/a)	削减量/(t/a)	环境容量/(t/a)	目标可达性
COD	13730.42	10984.34	3158.00	可达
SS	7253.64	5802.91	1668.34	可达
NH_3-N	2580.19	2064.16	593.44	可达
TP	588.05	470.44	135.25	可达
TN	3506.91	2805.53	806.59	可达

各工程措施总污染负荷去除贡献率如表 4-9 所列。

表 4-9 各工程措施总污染负荷去除贡献率

项目	指标类别	自净能力/(t/a)	雨污系统截流工程/(t/a)	海绵城市措施/(t/a)	水生态修复/(t/a)	河湖湾疏浚工程/(t/a)	总削减量/(t/a)
削减量	COD	684.38	7446.77	551.80	1249.84	1051.55	10984.34
	SS	1026.56	1678.49	590.39	1351.19	1156.28	5802.91
	NH_3-N	650.16	1241.13	24.41	111.40	37.06	2064.16
	TP	63.65	310.28	13.24	27.39	55.88	470.44
	TN	704.91	1861.69	43.29	141.02	54.62	2805.53

续表

项目	指标类别	自净能力/(t/a)	雨污系统截流工程/(t/a)	海绵城市措施/(t/a)	水生态修复/(t/a)	河湖湾疏浚工程/(t/a)	总削减量/(t/a)
去除贡献率/%	COD	6.23	67.8	5.02	11.38	9.57	100.00
	SS	17.69	28.9	10.17	23.28	19.93	100.00
	氨氮	31.50	60.1	1.18	5.03	1.80	100.00
	TP	13.53	66.0	2.81	5.82	11.88	100.00
	TN	25.13	66.4	1.54	5.40	1.95	100.00

4.2.1.9 结论

黑臭水体治理，污染在水里，根源在岸上，制定水体治理思路时需系统调查污染成因，综合考虑环境条件和上位规划，对水体生态系统存在的问题进行正确诊断，合理安排投资，制定出针对性强、可行性好和目标可达的治理方案。通过现场调研和数据分析，明确研究区存在水质劣Ⅴ类属黑臭、底泥最高淤积厚度达6m、排口共计150个、倒灌问题严重、防洪等级中低至高、水体的污染成因主要有3个方面，按从高到低排序为：地表径流＞生活污水＞内源污染。针对上述问题，合理分配投资，确定了“应急与常规治理相结合”“两沟一湖一湾分区治理（电力沟、白水塘、万绿园和龙珠湾四大片区）”“分类与分期治理”“外源截减-雨污系统截流-水动力优化-面源污染控制-底泥环保疏浚-水生态修复-景观提升-长效管理”的治理思路。并且通过各指标的可达性分析，确认方案目标可达。

大同沟治理案例成效（生态环境部微信公众号）如下文所述。

黑臭水整治行动2018｜昔日“龙须沟”今日变俏了

（生态环境部）

海口市大同沟全长1.7km，沿途有老旧的居民区、繁华的商业街，长期以来，大同沟沿岸污水直排、垃圾随意堆放、水体严重黑臭，周边群众都戏称之为海口市的“龙须沟”。如今，海口市民惊喜地发现，“曾经的‘龙

须沟’变俏了!”当漫步在河边，映入眼帘的是碧水、绿草、花海、鱼鸟，与以前相比，完全是华丽地蝶变，大同沟竟然变得如此俏丽!

(a) 治理前的大同沟

(b) 治理后的大同沟

大同沟

金牛湖

(c) 2018年10月现场调研

4.2.2 海南省海口市东西湖生态修复工程

4.2.2.1 项目概况

海口市东西湖水域总面积为7.5hm²（见图4-9），曾被评为海口八景之一，承载着许多老海口人的记忆，然而近些年来，因为基础设施老旧，东西湖出现不同程度的污染，水体黑臭，一度让市民避之不及。其成因主要为：雨污合流管系统常年处于满流高压排污状态且管道污物入湖较多，加之市民随意丢弃垃圾、流动商贩随意倾倒污水等因素的影响，湖中水质不佳；另外，湖沟淤泥沉积，而作为东西湖补充水源的美舍河水质不佳。如今，在海口市人大、市园林、市政、龙华区等10多家单位以及500多名建设者和管理者的共同努力下，东西湖又恢复了往日的光彩。

4.2.2.2 治理方案

东西湖的水体治理工程，以提升水体自净能力为目标，从污染控源和水生态修复两方面着手，融入海绵城市建设理念，结合水动力改善和长效运营机制建立，打造良性生态健康水体，改善人居环境，系统提升东西湖水质量、水安全、水文化、水景观。治理技术主要包括截污纳管、内源治理（河道清淤）、生态浮岛、生态修复、景观提升等技术措施。

截至2018年3月，东西湖的治理工程已基本完成，处于收尾阶段。人工湿地、生态浮岛，水生态空间结构主要是潜水植物、挺水植物的种植，生态净化水质。

4.2.2.3 修复效果评价

经过综合整治，东西湖水质达到地表水Ⅴ类标准；同时，还增加了沿线栈道的亲水性，提升了东西湖环境舒适度，成了海口市民休闲娱乐的场所（见文后彩图7）

4.2.3　海南省海口市美舍河-沙坡水库水环境综合治理PPP项目

4.2.3.1　项目概况

美舍河是海南省海口市绿色生态系统的一个关键性、基础性的廊道，从上游的沙坡水库至下游的长堤路入海口全长16km，水域面积约$68\times10^4m^2$。美舍河发源于海口市南部秀英区与琼山区交界的羊山地区，呈圆弧状流经美兰、琼山、龙华三个区，在长堤路北侧流入海甸溪，最终归入琼州海峡，是府城地区的母亲河。

美舍河上游的沙坡水库位于府城镇东门以南约8km处，水库建于1964年，流域面积$27.46km^2$，校核防洪库容约为$1.216\times10^7m^3$。水库坝顶标高为30.83m，设计溢洪道高程25.03m，为自由式溢洪，未装设闸门，溢洪道分为4孔。

4.2.3.2　水体污染状况分析

在海口市过去近30年的城市化快速发展进程中，城市基础排水设施没有跟上城市发展速度，出现部分区域管道缺乏、合流管道截留不完善、雨污管道混接错接等现象，大量污水直排入河（见文后彩图8）；同时，河道两边养殖废水直排入河。美舍河A段（沙坡水库至丁村桥，琼山区）、美舍河B段（丁村桥至国兴大道，龙华区）、美舍河C段（国兴大道至长堤路，美兰区）位于住建部与生态环境部（原环境保护部）重点挂牌督办的205个城市黑臭水体名单之中。美舍河连续水质检测数据显示，美舍河A、B、C段的水质均为劣V类水，主要污染物为TN和NH_3-N，其次为TP，水体富营养化情况严重。

美舍河下游受潮汐周期性影响，C段（长堤路至国兴大道）含盐量达4‰～10‰，水生态系统薄弱；加之河道渠化问题突出，水体自净能力不断减弱，导致美舍河局部水体发黑发臭。在枯水期补水量较小期间，水体相对静止，滨河生态景观效果差，影响市民亲水和游憩。

4.2.3.3　治理方案

2016年5月，北京桑德环境工程有限公司（以下简称桑德公司）& 北京爱尔斯环保工程有限责任公司联合体中标海口市美舍河-沙坡水库水环境综合治理工程 PPP 项目，拉开了桑德公司全面整治美舍河的序幕。该项目运营期为 15 年，按年度考核付费。要求在 2017 年 11 月底之前，主要水质指标（COD、BOD_5、NH_3-N、pH 值、DO）达到《地表水环境质量标准》Ⅴ类标准；2018 年 11 月底前，水质指标达到或者优于《地表水环境质量标准》Ⅴ类标准。

为了系统性彻底解决美舍河水环境问题，桑德公司采用“控源截污＋内源治理＋生态修复”的多元系统水环境提升战略，以系统思维的方式融入海绵城市、生态治水、基础设施修复、城市更新的理念。优先完成控源截污和内源治理，为美舍河治理奠定了坚实基础；同步实施水生态修复和景观提升，将治水与景观结合起来，持续推进生态治水。

（1）控源截污

美舍河沿线排放口较多，部分排放口隐蔽，存在排放口排查不彻底、截污不彻底的风险。自美舍河水环境综合治理工程开展以来，地毯式排查美舍河流域面积 19.4km^2 的管网情况，共排查管网长度约 216.8km，开启检查井 4700 余座。调查发现，美舍河沿岸共有 339 个排水口，其中旱天排水口 130 个，雨水口 209 个。对 130 个旱天排水口进行分类处置；其中，行政执法 20 个，水质达标、无须处理 24 个，截污纳管 86 个，共截留污水近 80000t/d。地毯式排水口及管网的摸排工作为后续解决美舍河沿线众多排污口污水直排问题奠定了良好的基础。

由于美舍河上游周边市政管网缺乏、新建污水处理厂建设周期长、消除黑臭水体任务紧急等情况，截污难度较大排口治理困难。桑德公司采用自主研发的一体化污水处理设备进行净化处理，于美舍河上游迎宾大道、石塔村及中海锦城处新建三个一体化污水处理站及其配套污水收集管网，污水处理规模分别为 6000m^3/d、500m^3/d 及 1000m^3/d，设计出水水质为一级 A。目前已稳定运行 11 个月。

（2）内源治理

对河道内的垃圾和污染物含量较高的底泥进行清理，防止水体内部污染物的持续释放，累积清理淤泥约 $2.9\times10^5m^3$。采用国内领先的淤泥浓缩技术，将清理上来的淤泥进行快速干化，并积极与其他环保、建材等公司合作，将干化后的淤泥用于建筑填埋、压制透水砖以及烧制蓄水陶土，实现淤泥的资源化利用。

（3）生态修复

在控源截污、内源治理的基础上，对美舍河进行水生态修复和岸线整治，统筹解决水体治理与排水防涝的诉求和矛盾，构建水生态安全空间。通过退堤还河、退塘还湿，将硬质的河床护岸，改造成符合水文学、河流动力学的岛屿、滩涂、湿地。让自然做功，构建健康的生态系统，在全流域重塑美舍河的水生态、水休闲，再铸府城地区的母亲河，最终实现“水清、岸绿、景美、民乐”。

1）美化岸线，重塑空间　渠化的河道应以形态恢复为主，打破原有“三面光”的束缚，优化水体流态，恢复健康自然的弯曲河道形态，提高水体自净能力。按照水文学、水力学的基本原理，改原来的治理断面为复式断面。常水位状态下，收窄断面增加流速，提高水流携沙、携污能力；洪水状态下，扩大断面，提高了河道排洪能力。断面调整后，打破了蓝绿空间界限，形成了陆生到水生的水岸演替带，增长了河道湿周，提高了水、土壤、植物、微生物的接触面，有效增强边缘效应，提升水体自净能力。

2）浅滩红树，构筑生境　受潮汐影响，美舍河下游长堤路至国兴桥段受周期性海水浸淹，水体盐度达4‰～10‰，水生态系统薄弱，水质较差。通过种植红树林，构建红树浅滩湿地，提高河流的自净能力，改善水体水质。河流中的污染物浓度因其流态在岸边比河中央一般高30%以上。岸边的红树林浅滩湿地对它们有较好的降解作用。每年每公顷红树林能吸收N 300～450kg、吸收P 25～35kg。同时，根据不同的水质条件投放相适应的水生动物，在河道内构建可呼吸的生物多样性水生态系统，营造适合生物群落栖息的水生态空间。

3）淡水湿地，净化水质　在美舍河上游高铁桥至国兴段种植苦草、狐尾藻等沉水植物，构建内河淡水生态系统。通过沉水植被系统的修复和重建，水体中富余的污染物质持续吸收，最终以植物体形式固定下来；构建底栖和鱼类群落，对藻类、浮游生物、植株体残渣进行滤（刮）食，巩固水生植被对藻类、浮游生物的抑制效应；鱼类、底栖群落的排泄物及植物残渣等被微生物群落分解，转化为单体营养盐物质回归水体。定期对鱼类及植物群落进行合理捕捞、收割，将富余营养盐及时转移上岸，进一步提升水体自净能力，使水生态系统长期处于平衡、稳定状态。在淡水湿地构建过程中，既考虑水深，也考虑沉水植被覆盖面积及该系统对外来污染物的净化效力及景点分布。各品种间混合搭配，以水质净化为主，逐步调整优化景观效果，在构筑水生态、提升水环境的同时水景观得到明显改善。

4）垃圾弃场，海绵改造　凤翔梯田湿地，位于凤翔湿地公园南侧，美舍河的东岸。利用现状场地高差特征，将原有的 $3.5\times10^4m^2$ 的建筑垃圾堆弃场改造为八级梯田湿地，其中 $1.4\times10^4m^2$ 为具备净化污水功能的人工湿地，近期能日处理 0.5×10^4t 周边居民的生活污水，远期能日处理 1.0×10^4t 的丁村污水处理厂尾水。湿地出水经泵站提升，通过美舍河沿线的再生水回用管道输送，用于城区绿地浇灌及道路浇洒等市政杂用水。凤翔湿地的建设，实现了恢复宗地土壤、改善水环境、循环水资源、营造梯级景观、构建科普教育基地等多重目标，是美舍河生态修复的重要亮点工程。

4.2.3.4　治理成效

经过桑德公司的努力，美舍河水体水质和周围环境有了质的提升。对此中央电视台、香港卫视、人民日报、新华社都做了专题报道，专家、学者、业主和海口市民也给予很高的赞誉，2017 年 8 月美舍河入选第十七批“国家水利风景区”名录，2017 年 12 月美舍河湿地公园获批国家湿地公园试点，2018 年入选了全国黑臭河流生态治理十大案例，美舍河治理成为我国城镇内河治理的典范。海口市美舍河治理后照片见文后彩图 9。

4.2.4　海南省海口市福创溪-大排沟水环境综合治理 PPP 项目

4.2.4.1　项目概况

福创溪-大排沟下游段河道治理长度为 8.15km，其中福创溪河道治理长度为 7.40km，大排沟河道治理长度为 0.75km，范围位于桂林洋开发区内；标段外福创溪-大排沟上游段河道长度为 8.2km，其中福创溪河道长度为 2.35km，大排沟河道长度为 5.85km，范围位于桂林洋开发区、灵山镇区域及机场区域内。福创溪-大排沟河道自南向北流经灵山镇、桂林洋农场，最后排入大海。由于桂林洋开发区及灵山镇片区污水管网建设尚未完善，桂林洋开发区及灵山镇上产生的大部分生活污水均经合流沟排入河道内；另外，河道旁边的鱼塘虾塘养殖废水就近排入河道内，并且河道长期未清理，河道内积淤严重，水面漂浮大量水葫芦，致使河道水体严重污染。平日里没有雨水冲刷时河水发黑发臭。

福创溪-大排沟水环境综合治理建设内容包括河道疏浚工程、河道截污工程、河道生态修复工程、沿岸景观绿化工程及信息监控工程等。通过该工程使福创溪-大排沟下游段成为一条具生态、景观、文化等功能的健康河道，构筑城市新区重要的绿色廊道，进一步提高桂林洋城市形象，促进桂林洋开发区经济建设发展。

4.2.4.2 治理方案

(1) PureBoat系列微生物魔船

通过PureBoat系列微生物魔船（见文后彩图10）持续释放微生物，对河道水体进行净化，以微生物的自身生化反应，消解河道内的污染物，并在微生物不断的繁衍驯化之后，在河道内保持稳定的降解能力，达到了黑臭水体治理的效果。实验过程中，PureBoat系列微生物魔船对COD的降解率可达到20.5%，对氨氮的降解率可达76%。

(2) 曝气增氧

采用的是Pureoxy-Ⅱ系列喷泉曝气机（见文后彩图11），其特点主要包括结构紧凑、质量轻、安装简单，操作方便，不需要配置风机、管道、阀门和水泵等，节省开支；利用高效的驱动系统直接将水体表、中、底层水快速向上扬升与空气有效接触。本产品相比其他曝气类产品富有更强大的增氧功效和景观特效；利用开放式离心涡流驱动系统快速旋转，直接将水体表、中、底不同深度的水快速大量向上扬升，破坏水体分层现场，在制造垂直循环流过程中，使表层水体与底部水体交换，新鲜的氧气被输入河底，在河底形成富氧水层，消化分解底部沉积污染物，废气被夹带从水中逸出，底层低温水被输送到表层后，调节表层水温，抑制水体表面藻类繁殖及生长，改善微生态环境，强化水体自净能力，短期内改善水质。

Pureoxy-Ⅱ系列喷泉曝气机可增大河道断面中的氧气含量，持续地提高河道DO指标，实验过程中，Pureoxy-Ⅱ系列喷泉曝气机运行8～12h可实现服务范围内水体消除黑臭。

（3）生态浮岛

将生态浮岛和纤维水草进行结合，纤维水草挂于生态浮岛下方，利用微生物、植物及动物构建生态浮岛微循环系统和小型景观。浮岛植物吸收和吸附水体中氮、磷等营养盐供给自身生长，从而改善水质。植物根系吸收水体中氮、磷等物质后，可通过木质化使其成为植物体的组成部分，也可通过挥发、代谢或矿化作用使其转化为二氧化碳、水或无毒性作用的中间代谢物，发达的根系释放大量能降解有机物的分泌物，加速水体中有机物的降解（见文后彩图 12）。

（4）淤泥异位再生技术

福创溪上游河道采用挖机清淤的淤泥，经过短暂沥水堆置后转运至淤泥生态处置场进行处置；福创溪下游及大排沟采用绞吸船清淤的淤泥，经过五级沉淀池处理浓缩后，再从沉淀池将淤泥转运至淤泥处置场进行生态处理处置，处置后作为绿化种植土。

淤泥异位再生技术如文后彩图 13 所示。

4.2.5 广西壮族自治区南宁市那考河黑臭水体治理工程

4.2.5.1 项目概况

那考河位于南宁市竹排江上游植物园段，项目红线范围内有 50 多处排污口，多为雨污合流[16]。另外，水源地上游靠近一批养殖企业，养殖废水污染严重。市民农先生从事废品收购生意，常在那考河边上捡拾垃圾。“雨天一来，河面浮有很多垃圾，一刮风就很臭。”因河道上游来水量不能满足水体更新及环境景观用水要求，给竹排江上的茅桥湖及民歌湖水体带来了富营养化风险，极大地影响了城市环境风貌。为彻底改变那考河“黑脏臭”的面貌，围绕“水畅、水清、岸绿和景美”的目标，2015 年 2 月，南宁市政府授权南宁市城市内河管理处采用政府和社会资本合作模式（PPP）对竹排江上游植物园段（那考河）流域进行治理，中标人为北排水南宁环境发展有限公司。整个项目总投资近 10 亿元，于当年 3 月 31 日正式开工建设，建设期两年，2017 年 2 月前完成所有项目建设[17]。项目整治范围为南起茅桥湖北岸，穿湘桂铁路、长罡路、厢竹大道、药用植物园和昆仑大道，北至环城高速路。治理主河道长 5.15km，支流河道 1.2km，全长 6.35km。项目内容包括：河道整治、截污、污水处理、河道生态、河道沿岸景观、海绵城市示范和信息监控 7 个子项工程[17]。

4.2.5.2 水体现状

根据那考河水质监测数据，那考河水质属劣Ⅴ类，主要超标污染物为 COD、NH_3-N、TP 和 TN。在支流入口处、城市段水质最差，主要是支流段工业污染严重，城市段城市生活污水直排。COD、NH_3-N、TN、TP 浓度最高的断面分别集中在那考河中游的二塘高速入口、植物园中段、金桥支流入口，最大浓度为：COD 503mg/L，NH_3-N 110mg/L，TN 122.4mg/L，TP 5.12mg/L，分别是地表水Ⅴ类标准的 12 倍、54 倍、60 倍（参照湖泊标准）[18]。

4.2.5.3 治理方案[17～20]

（1）四种手段综合整治

在现阶段，国内对黑臭水体整治主要有控源截污、内源控制、生态修复及活水循环四种手段。在那考河整治计划中，四种手段有序衔接，不仅形成了互相呼应的系统，还利于克服周期性“复臭”的河水整治难题。

在源头截污方面，项目上游新建 1 座日均处理量 5t 的污水处理厂，将处理后的尾水经生态净化后排入拟建河道，作为补水水源。利用曝气增氧、生态浮岛和水生植物等系列河道生态工程，恢复河道生态；并将污水处理厂尾水送至湿地进一步净化后排河作为补充水源，这是内源控制和生态修复技术手段的积极应用。

同时，在河道两侧 8～120m 绿地范围，打造一条以植物多样性为主的生态绿道走廊。通过在河道两岸错落栽种大量桂花树和朱槿，打造为“万米桂花溪谷，花香飘溢两岸”的绿色景观效果。

（2）引入“海绵”建设理念，构建生态和谐环境

除了常规的河道整治手段外，那考河整治项目实施过程中，积极引入了“海绵城市”建设理念，通过设置大量下沉式绿地、雨水湿地及植草沟“海绵

体”，对雨水进行自然调节。

针对那考河河道沿线雨水排放口、合流制排水口及高速公路雨水排放，南宁市因地制宜地建设下沉式湿地及生物滞留池等渗蓄净化设施，减少雨水污染负荷，改善河道生态环境；在河岸步道、广场等区域实施透水铺装，步道内侧设植草沟，多举措提高“海绵体”质量，防止雨水直接入河。

南宁市还配套建设了海绵城市设施信息监控系统，通过设置水质自动检测设备及数据采集传输设备，对流域监控断面水质水量信息、污水厂进出水信息、干流及支流入库水量水质等信息综合展示，不仅可远程控制污水厂闸坝等，还能根据突发事件响应预案对流域内突发事件及时响应、语音播报和实施救助。

4.2.5.4 修复效果评价

整治之前，那考河荒草丛生，沿岸有 40 个污水直排口，水体发黑发臭，水质多为劣Ⅴ类，加上垃圾和施工弃土堆放挤占河道，河道狭窄，流水不畅，常造成内涝。经两年黑臭水体整治，南宁市那考河从一条臭水沟蜕变成美丽的湿地公园（见文后彩图 14），6.35km 长的河道沿岸花海斑斓，河面碧波荡漾，河水清澈见底，初步形成了“山水相依、城水相融和人水相亲”的生态格局，清水潺潺，小鱼欢游，翠鸟欢唱，凉亭、水车和人造瀑布一步一景。2017 年 3 月，那考河项目正式投入运营，水质指标已基本满足地表Ⅳ类水水质指标，河道行洪满足 50 年一遇的洪水标准要求[20,21]。

4.2.6 云南省昆明滇池重污染湖湾治理工程

4.2.6.1 项目概况[22～25]

滇池位于昆明市西南，是云南最大的高原淡水湖。湖面南北长 40km，东西平均宽 7km，最宽处 12.5km，湖岸线长 163.2km。当水位高程为 188.65m 时，平均水深 4.4m，最大水深 10.9m；水面面积 300km^2。分为草海（北部，水面面积 10km^2）和外海（南部，水面面积 290km^2）两部分，容积为 12.9×10^8 m^3。

4.2.6.2　水体现状

滇池至今约有340万年的漫长演变历史，在现代演变过程中水面不断缩小，湖盆变浅，滇池目前的水面面积仅为古滇池的25%，蓄水量仅为古滇池的1.9%，滇池已演变为半封闭性湖泊，年平均流出水量约$1.149\times10^{11}m^3$，仅占蓄水量的11%，滇池已进入湖泊演变过程中的老龄化阶段。

自20世纪80年代以来，滇池污染物排放持续超过了其自身的水环境承载能力，造成了水体污染，且污染程度不断加剧，富营养化也随之发生，从而改变了滇池生态系统中生物生理代谢所需物质条件，生产能力过剩，导致了滇池生态结构的失调、水质进一步恶化。

滇池弃水量小，湖水置换周期长，湖流慢，已演变成半封闭湖泊。例如在近45年中，滇池有16年没弃水，占总年数的36%；有469个月没弃水，占总月数的86.19%；弃水均主要集中在主汛期7～9月；45年平均弃水量只有$1.149\times10^{11}m^3$，仅为滇池蓄水量的11%。

4.2.6.3　治理方案

（1）增加区域水资源总量，提高滇池的水环境容量并保证其生态环境用水

通过从外流域调水进入滇池，不仅可增加滇池流域的水资源总量，解决目前区域水资源总量不足的问题，从而可适当提供湖泊与河流的生态环境用水，促使其水生态系统逐步恢复原有的生态服务功能成为可能，同时因滇池水资源总量的增加，可改善现有水流条件，增加出湖水量，恢复滇池作为吞吐性湖泊的水流特征，提高滇池水环境容量，利于改善滇池污染物进出不平衡的现状，利于滇池水质朝逐步改善的方向发展。

（2）以水环境容量为目标，对滇池入湖河流实施总量控制

根据全国水资源保护规划中的滇池水功能分区及2030年滇池水体总体达Ⅲ类水质保护目标的要求，以2030年滇池水质保护目标作为控制目标，模拟计算滇池的水环境容量及滇池各入湖河流的纳污能力，实施对滇池各入湖河流输入污染物的总量控制，其中考虑内源污染负荷。

（3）加强水污染治理，阻止污水入湖

2000年滇池入湖污染物量超过滇池纳污能力好几倍，因此必须加强滇

池流域水污染治理，合理规划区域发展模式，推广清洁生产技术，减少污染物排放，有效阻止污水直接入湖。对污染源治理，点源可依流域点源排放量增加趋势和区域分布规律，按片区以相对集中方式扩大流域内污水处理厂规模，力争使流域内点源污水经污水处理厂后入滇；非点源污染，可经水土流失治理、农村生活污水收集处理、生态农业建设等措施，并结合非点源末端的湖滨湿地综合治理；内源可经滇池外海沉积物疏浚规划进行分阶段的底泥疏浚。

(4) 缩短入湖污染物的滞湖时间，改善物质出入湖不平衡状况

对于滇池外海，绝大部分污染物来自北部的盘龙江、宝象河、大清河，三河的入湖污染物量约占外海总入湖量的80%以上，而外海唯一出口——海口河位于滇池西南侧，污染物出湖输移路线较长，加之水流运动慢，不仅使入湖污染物滞留湖区的时间很长，且它们将在随水流的迁移扩散过程中大量沉积湖底，从而形成目前北高南低的浓度梯度；加之滇池弃水较少，随弃水出湖的污染物远小于入湖污染物量，物质进出不平衡。因此，缩短入湖污染物（主要是外海北部入湖）在湖体的滞留时间，提高出入湖物质的比例，对改善滇池水环境十分有益。

4.2.6.4 修复效果评价

滇池修复效果见文后彩图15。

4.2.7 上海市苏州河（吴淞江）整治项目

4.2.7.1 项目概况

苏州河是上海的重要河流之一，也称吴淞江，源自江苏太湖瓜泾口，在上海外滩汇入黄浦江，全长125km，平均河宽40～50m，上海境内长53.1km。苏州河从20世纪20年代开始出现黑臭，在苏州河取水的闸北水厂被迫搬迁到军工路黄浦江。50～60年代，苏州河污染加重；70年代末，苏州河上海段全线受污染，市区河段终年黑臭，鱼虾绝迹，两岸环境脏乱。原因主要是大量工业废水、生活污水直排入河及感潮河流不利的水动力条件[26,27]。

4.2.7.2 治理方案

对苏州河的治理可追溯到20世纪80年代。1988年，按“以治水为中心、全面规划、远近结合、突出重点、分步实施”的方针，本着“标本兼治、重在治本”的原则，苏州河一期整治工程开始实施，自此苏州河综合整治工程拉开了序幕，历时11年（1998～2008年），总投资约140亿元[28,29]。

（1）苏州河一期整治工程

从1998年至2002年，总投资约70亿元，包括以下10大工程。

1）苏州河支流污水截污工程[30]　在苏州河北区、南区分别建设截流管线，北区污水纳入西干线，南区污水纳入吴闵截流总管，工程共铺管道209.7km，新/改建泵站12/57座，并关闭畜禽养殖场36家，工程实施后将使流域内的3175个污染源的污水得到截流，截流污水约$2.6\times10^6m^3/d$。

2）石洞口城市污水处理厂建设工程[31]　在西北干线排放口建设具脱氮除磷功能的石洞口城市污水处理厂，处理污水$4.0\times10^5m^3/d$，出水水质可达国家一级排放标准。

3）综合调水工程[32]　在苏州河较完善的泵闸系统基础上，利用苏州河河口启闭形成的水位差，实现河水回荡往复流向单向流动的转变，提高换水速度、调活水体，增强苏州河的自净能力。

4）支流建闸控制系统　在木渎港及上游的西沙江、小封浜、老封浜、黄樵港、北周泾和顾港泾6条支流河口建设闸门，控制苏州河支流对干流污染负荷的输送量。

5）底泥疏浚　疏浚苏州河上游和部分支流底泥$3.1\times10^6m^3$，整治河道85.7km，增加河道输移容量及过水断面，改善河道水质。

6）河道曝气富氧[33]　利用曝气富氧船对苏州河北新泾至河口的17km河道曝气，提高水体DO含量，加快水质改善和河道生态系统的恢复。

7）环卫码头搬迁和水面保洁工程　搬迁长寿路桥以东环卫码头，建设垃圾焚烧厂、生活垃圾中转站、粪便预处理厂和水域保洁系统等配套设施，改善水面和沿岸面貌。

8）防汛墙改造工程　新建改造苏州河防汛墙41km，加固改造现有防汛墙，建设干、支流沿岸景观绿地$10.8\times10^4m^2$。

9）虹口港、杨浦港地区旱天污水截流工程　将虹口港、杨浦港旱天污水纳入一期工程的污水总管，工程共铺设管道26km，新建泵站与设施17座，截流旱天污水$3.2\times10^5 m^3/d$。

10）虹口港水系整治工程　搬迁苏州河中心河段19处货运和专用码头，拆除废弃码头144座，新建滨河林荫道及绿地。

（2）苏州河二期整治工程

从2003年至2006年实施苏州河环境综合整治二期工程，总投资约40亿元，主要目标是苏州河干流水质主要指标稳定达到景观用水标准（Ⅴ类标准）；改善支流水质，主要支流消除黑臭；继续贯彻“标本兼治、重在治本”的原则，全力推进各项截污、治污工程建设[34]。共包括以下8项工程。

1）苏州河沿岸市政泵站雨天排江量削减工程[35]　增加成都北和江西北两座泵站回笼水设施，解救泵站因试车产生的放江问题；建设南岸截流总管及新昌平泵站和梦清园2座调蓄池；建设4座初期雨水调蓄池，分别为芙蓉江和新北、新泾2座分流制泵站调蓄池以及山西和成都北岸2座泵站初期雨水调蓄池。

2）苏州河中下游水系截污工程　对下游三门、江湾、汶水、彭浦新村和寿阳等地区开展分流制地区雨、污水混接和雨水泵站的回笼水收集等截流措施。截流1050个污染源，收集直排河道的污水量$4.76\times10^4 m^3/d$；完善4个分流制排水系统，解决$6.43\times10^4 m^3/d$的污水出路；建立健全6个排水系统的污水截流设施，截留污水$7.39\times10^4 m^3/d$；为嘉定南翔及江桥两个镇的$12.5m^3/d$污水解决出路；对17座内河翻水泵站进行截污。

3）苏州河上游地区污水处理系统工程　建立黄渡镇污水收集处理系统，铺设污水管道27km，截除污染源36个，收集直排污水$0.8\times10^4 m^3/d$。

4）苏州河河口水闸建设工程　在苏州河新建双向挡水水闸，水闸单跨净宽102m，工程防洪标准为千年一遇，防御水位6.26m，同时实施“西引东排”和“东引北排”，改善苏州河及其支流水质，满足景观和亲水要求，提高防汛能力。

5）苏州河两岸绿化建设工程　在苏州河沿岸建设10块公共绿地，新、改建滨河绿带17km，美化两岸环境面貌。

6）苏州河梦清园二期工程　2004年7月苏州河梦清园建成并对外开放，工程占地约$4.6hm^2$，建筑面积约$9345m^2$，成为上海市重要的环境科普教育基地和休闲园区。

7）市容环卫建设工程　搬迁长寿路至中山路桥环卫码头，解决生活垃圾和粪便处理问题。新建普陀区、长宁区及黄浦区生活垃圾中转站、黄浦粪便污水预处理厂、市容环卫执法管理和保洁维修基地、水域执法监察船，改建苏州河中上游沿岸 10 个简易垃圾堆场。

8）西藏路桥改建工程　改建西藏路桥，改善环境面貌。

（3）苏州河三期整治工程

从 2006 年至 2008 年实施苏州河环境综合整治二期工程，总投资 31.4 亿元，以治水为中心，突出治源治本，重点加强截污治污，实施底泥疏浚，推进防汛墙及两岸景观建设，主要实施以实现苏州河下游水质与黄浦江水质同步改善、苏州河支流与干流水质同步改善为目标的 4 项工程[36~39]。

1）苏州河市区段底泥疏浚和防汛墙改建工程　从真北路桥至苏州河河口的外白渡桥，设计河道总长 16.53km。其中，防汛墙加固改造，苏州河南北岸防汛墙岸线总长 33.46km，用直立式挡墙，功能以区域防洪除涝为主，防汛墙防洪标准近期达 50 年一遇，除涝标准采用 20 年一遇。底泥疏浚工程总疏浚土方约 $1.3\times10^{6}m^{3}$，用吸淤船和抓斗式挖泥船进行疏浚，开挖土方用原状输送方式外运处置，进入堆场后采用填埋和吹填处理。

2）苏州河水系截污治污工程　建设嘉定、普陀、徐汇、闵行、闸北和虹口等区雨污水系统和截流设施工程，改造和完善苏州河支流排涝泵站污水收集管网等。

3）苏州河青浦地区污水处理厂配套管网工程　建设青浦区华新镇、白鹤镇的白鹤和赵屯地区污水收集管网。

4）苏州河长宁区环卫码头搬迁工程　建造长宁区生活垃圾中转站、粪便预处理厂和城市通沟污泥处理厂，搬迁万航渡路环卫码头。

4.2.7.3　修复效果评价

（1）河道黑臭现象逐步消除，水质明显改善[40]

苏州河一期整治工程结束后，苏州河干流完成了消除黑臭的目标，水质基本达到国家地表水环境质量的景观用水标准；2005 年二期整治工程实施后，中心城区主要支流基本消除黑臭；2011 年三期整治工程实施后苏州河整体水质达到Ⅴ类。

(2) 苏州河生态系统逐步得到改善[41]

一期整治工程完成后，水体基本消除黑臭，生物多样性明显变化；二期整治工程完成后，苏州河共发现浮游动物 56 种、底栖动物 9 种；三期工程完成后，苏州河生物多样性将不断提升。

4.2.8 上海市青浦区大莲湖生态修复工程

4.2.8.1 项目概况[42]

大莲湖湿地位于上海市青浦区淀山湖下游西南 3.5km 拦路港南侧，总面积 14.6km^2，核心区面积 4.6km^2。淀山湖水通过斜塘（拦路港）与园泄泾和大泖港三大源流在松江汇合后构成黄浦江，拦路港横贯大莲湖区域，大莲湖水源地是淀山湖水系的组成之一。

4.2.8.2 水体现状分析

2008 年 7 月，对大莲湖水域的监测结果表明，大莲湖水域的 TN 浓度普遍较高，水森林水体的 TN 浓度超过Ⅴ类标准的 1.9 倍，为劣Ⅴ类；池塘水体 TN 平均为 2.44mg/L，超过Ⅴ类标准的 1.22 倍，富营养化严重；规划区河道水体的 TN 含量平均 2.42mg/L，其他指标也均超标（表 4-10）。

表 4-10 大莲湖水质监测结果

采样点	总氮/(mg/L)	氨氮/(mg/L)	硝氮/(mg/L)	亚硝氮/(mg/L)	叶绿素/(μg/L)
水森林	3.82	0.79	1.99	0.02	96
河道	2.42	0.57	2.97	0.09	152
池塘	2.44	0.75	1.56	0.02	110

4.2.8.3 治理方案

2008 年 12 月至 2009 年 5 月，用物理及生物修复相结合法，对大莲湖区域水体和底泥进行生物修复，恢复大莲湖湿地面积，在改善大莲湖水质的同时营造具有观赏价值的水上和湖岸景观。大莲湖生态修复的主要措施包括塑造地

型、设计护坡、调整水系、配置植物和构造快速渗透系统。生态修复前后大莲湖地形见图 4-9 和图 4-10。

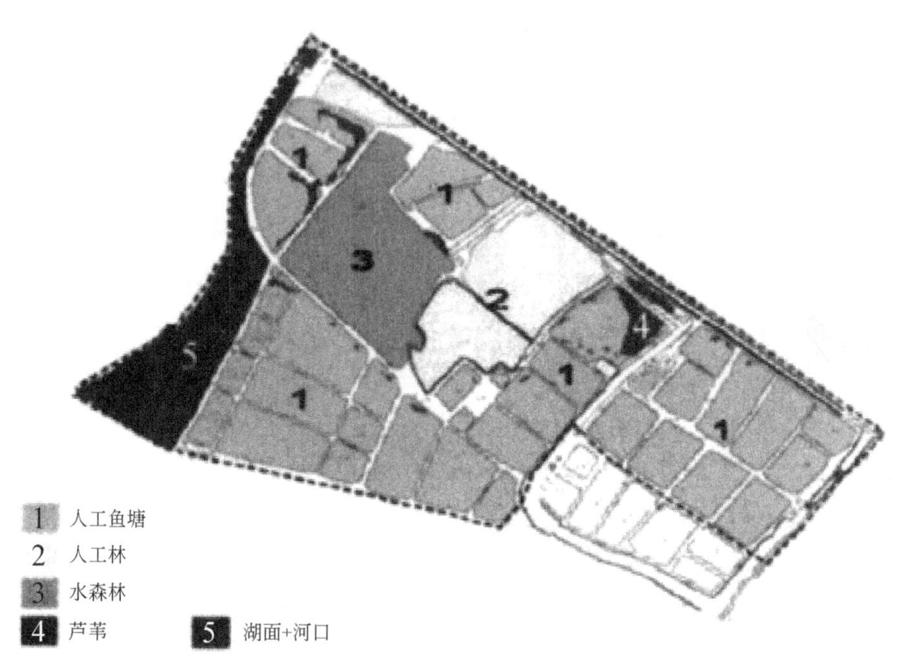

图 4-9 生态修复前的大莲湖地形[42]

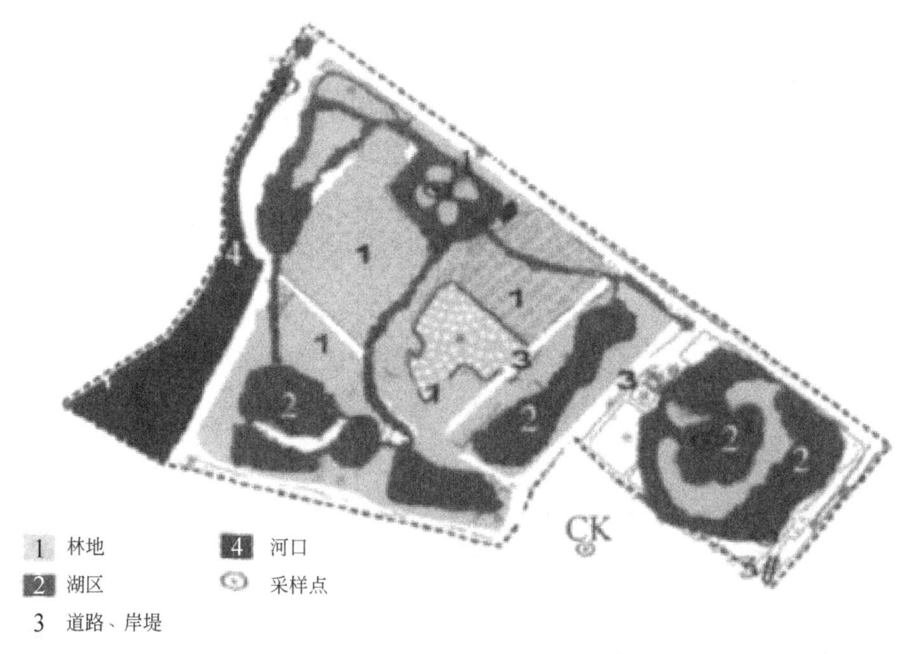

图 4-10 生态修复后的大莲湖地形[42]

（1）塑造地形

示范工程区总面积为 $5.532\times10^5m^2$，原来主要由 15 个大小不等的鱼塘构成，水面总面积为 $6.6\times10^4m^2$，陆地面积为 $2.2\times10^4m^2$；塘底平均高程 1.1m，淤泥 20cm；塘埂平均高程 3.9m（参照为吴淞口高程）。鱼塘平均深度 2.8m；积水平均深度 1.8m，淤泥平均深度 0.2m。

将各鱼塘间的塘埂全挖开，鱼塘打通形成一个完整的积水湖泊，新建湖体平均水位 1.3m，工程总土方量 $3.65\times10^4m^3$。为提高生境多样性及不同水生植物对水位要求的不同，在地形改造过程中构筑一定面积的水下暗堤（保留部分塘埂），顶高 50cm。

（2）设计护坡

在湖中用塘埂土和塘底淤泥堆积形成一大一小两个湖心岛，在岛周按一定坡降比设计护坡并配置不同植物带。依立地条件和生境多样性原则，护坡设置 3 种不同的坡降比分别为 1∶7、1∶4 和 1∶3。

（3）调整水系

整个示范区内不同区域构建河宽不等的三级河道：一级河道河面宽 7m，长 951m；二级河道河面宽 5m，长 1293m；三级河道河面宽 3m，长 506m。依靠现有水闸控制水流。

（4）配置植物

规划中植物选择主要依据有利于发挥湿地净化功能、生物多样性、因地制宜和乡土性原则，同时兼顾景观设计和季相变化。各植物带间并非严格分开，带间有一定程度的交叉，形成各植物带的交叉融合。

（5）构造快速渗漏系统

按照快速渗漏系统原理分层构筑，从最下层往上依次为底泥、砾石层、煤渣层、透水层和底泥，最上层为净土层。岛屿周边坡面采用底层放置生态袋护坡，并可利用生态袋有效恢复沉水植物；整个护坡上层设计生态护坡格，护坡格底层是土壤与基质层，供给植物营养，泥土层之上是护坡格层，每个护坡格底层是土壤与基质层，供给植物营养，每个护坡格之间互相镶嵌，连成一片，护坡格内种植香蒲、黄菖蒲及再力花等挺水植物。

4.2.8.4 修复效果评价

从水质监测结果看，大莲湖经过系列修复措施后，水质明显改善。COD 在 30mg/L 以下，NH_3-N 在 0.27～0.53mg/L 之间，叶绿素 a 多在 10μg/L 以下。显然，通过系列生态工程修复后，大莲湖水体藻类生长得以有效控制。在表观上也发现局部藻华消失，水色明显好转。

4.2.9 上海市外浜河道黑臭水体治理与生态修复工程

4.2.9.1 项目概况[43]

外浜治理工程位于普陀区长征镇祁连山路至真光路间，西段近祁连山路一端为终点，中间段与支流姚明江相连，近真光路一端与蔡家浜相连。该治理段从整体上属外浜水系的一部分，全长约 900m，河面宽 12m；河道基本为直线形，东西走向，在真光路桥以东连接蔡家浜。河底平均高程约 1m，河底宽 2～4m（淤积面）；河道常水位高程 2.3～2.6m，河水深约 1.5m。外浜水系位于长征工业园区腹地，总长约 3600m，总水量约为 5400m^3。

4.2.9.2 水体现状分析

该河于 2005 年整治，内容包括：疏浚土方、岸坡两侧（不含水下）绿化等，周围环境状况较好，但水动力差及污染较大，致使该河水质常处于严重富营养状态，有时黑臭，换水效果较差。水质现状见表 4-11。

表 4-11 水质现状

DO/(mg/L)	透明度(SD)/cm	COD_{Cr}/(mg/L)	BOD_5/(mg/L)	NH_3-N/(mg/L)	TP/(mg/L)
0	18	252.0	81.2	14.2	1.42

4.2.9.3 治理方案

工程方案内容如下。

1）水位控制闸的建立 在真光路东边的箱涵处建立 3 个单向控水的拍门

闸（120cm×120cm），暂时阻断河道两边的水体交换，并保持外浜部分的河道正常水位，当水位偏高时可向外自流。

2）底泥固化　用生物环保措施分段固化底泥，延缓底泥有机物、氨氮及总磷释放，提高透明度。

3）生物膜强化处理装置　在污水管网溢流口处布置生物膜装置，并辅以曝气系统，缓解污水冲击压力，生物膜面积共计300m^2。

4）投放微生物　在系统运行初期或水质较差时段，投入微生物菌剂，为净化水质和恢复水生生态系统创造条件。

5）曝气造流　人为制造水动力及制造适当有氧环境，提高水体自净能力。

6）水生植被构建　两岸借助浮床载体种植浮叶、挺水和沉水植物，不仅减轻富营养化程度，还营造了小型水生生物栖息环境。因外浜底质为硬底，沉水植物用浮式及蒲包栽培结合法。

7）构建水生生物食物链　培养和投放浮游动物、底栖生物（如螺、蚬等），且对不能自然扩繁的种群如鲢、鳙等和甲壳类采取人工放养。

4.2.9.4　修复效果评价

经工程治理后，各指标基本达到上海市水务局规定的“中心城区河道消除黑臭生化指标”。水体溶解氧（DO）含量稳定升高，均在标准值2.5mg/L以上，透明度（SD）30～48cm。

4.2.10　江苏省常州市柴支浜南支多元生态净化与修复工程

4.2.10.1　项目概况[44]

柴支浜南支作为所选示范河道，位于常州市新北区，河段北至南支与柴支浜交汇处，通过汉江路桥，南至兰翔二村河段最东端，长约1000m，南段宽度8～12m，北段宽度10～40m，水面面积总计10000m^2，水深1.5～2.0m，水量约15000～20000m^3，南段河道两侧基本为直立式浆砌石驳岸，北段汉江路桥南为自然坡岸，南北段通过涵管相连。

4.2.10.2 水体现状

长期数据监测表明，DO 偏低，生化需氧量 BOD_5 6～8mg/L，NH_4^+-N 多数情况下超过 2mg/L，最高达 4.2mg/L，明显属于劣Ⅴ类；NO_3^--N、TP 严重超标，河水严重富营养化。缺乏沉水植物，尾水颜色较深，不利于水生植物生长，缺少对生态补水的健康与生态风险的安全评估与监控。

4.2.10.3 治理方案

工艺方案包括长效治理与短期应急处理两方面。

① 长效治理注重河道修复的持久保护，其技术种类较多，包括利用新型强化生态浮岛（植物生态浮岛、高效能载体与微型太阳能充氧造流相结合），净化水质、遏制黑臭，依靠跌水曝气，补充 DO，对暂未截流的污水排口发挥生态拦截作用等，提升水体质量。

② 短期应急处理，针对极端条件与恶臭等问题，用制剂强化处理如底泥污染释放抑制剂等技术。具体措施如图 4-11 所示。

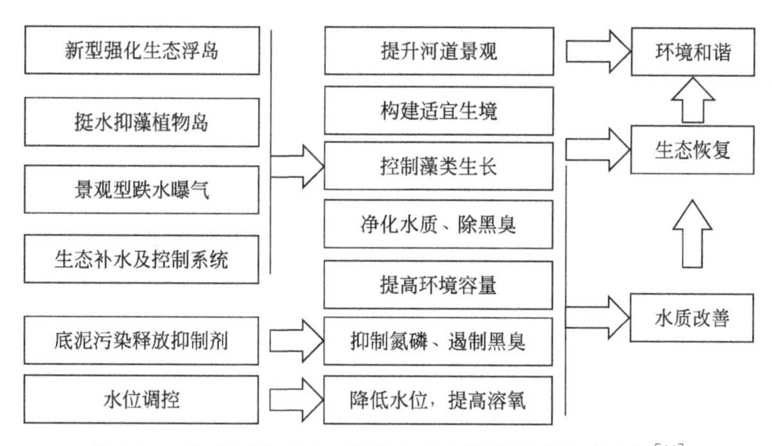

图 4-11 柴支浜南支水质净化与生态修复工程技术路线[44]

（1）生态补水调控

我国污处厂出水水质达到一级 A 后，仍属劣Ⅴ类水，水体中仍存在较多污染物，当河流流速较缓或尾水在河流内停留时间较长时，水体会进入缺氧甚至厌氧状态，再次黑臭。为此，在工程建设时，建立了污水处理厂补水水质长期监控与信息实时共享制度，设置生态观察箱，实时监测补水的生态安全性。补水流量和时间依不同季节和条件调控，补水在所经过的柴支浜河段（2.5km，总计50000m^3），总体停留时间不宜超过5d，相应补水流量不宜低于10000m^3/d。且设置水位调节槽，据季节变化及植物生长高度，调节水位，形成利于挺水、沉水及浮水植物的生长环境，营造高DO环境，减轻沉积物厌氧程度。

（2）景观型跌水曝气

通过构筑阶梯式结构，形成中小型瀑布式水流，用空气溶氧方式增加水体DO含量，尽管其低于人工鼓风曝气效率，但能耗少，只要有合理高差或水动力，无须添加其他装置便能实现水体充氧目的，且美化景观。但因跌水曝气会产生噪声，故通过补水调控系统的自控阀门调节运行流量，降低夜间噪声污染。

（3）岸坡构建

岸坡构建工程包括水上岸边整治和水下岸坡塑形。对水上岸边绿化，种植了包括苔草、水柳、迎春花和花叶声竹等在内的植物，设计工程区长400m，宽4m，总面积1600m^2。水下岸坡塑形时选用排桩和石笼来改造，通过建设，在生态浮岛水面下开辟出了新台地，也为大型水生植物生长构建了更好的生存空间。

（4）新型强化生态浮床

根据示范河道特性，利用新型“太阳能微动力通透净化式浮床技术”，其水体修复原理为：河流水体藻类和悬浮物能随微动力水流进浮岛。藻类会失去阳光，并通过“浅层沉淀”方式被载体截留，并逐渐被载体上的生物膜降解去除；河水中悬浮物因载体截留作用而沉淀下来得到去除，使水体透明度增加。错落布置的生态浮岛将直流河水转变为“蜿蜒”自然流态，提高其动态复氧效率。

（5）挺水和沉水植物种植工程

挺水植物对控制河道底泥的黑臭具有重要作用。植物通过光合作用将氧气输入根须体系，提高底泥的ORP。在治理河段，种植了包括再力花、香蒲、美人蕉、白菖蒲、水芹、千屈菜、鸢尾等抑藻挺水植物，种植时错落布置。

泥水交界处为沉水植物的重要生境，有效增加植物分布空间，减少生物和非生物性的悬浮物并防治底泥上浮，抑制藻类过量生长，改善水下生态系统等，同时还显著去除N、P等。因此，在第二台地间及适当水深的岸边种植沉水植物，种类主要包括菹草、金鱼藻和穗花狐尾藻等，总面积1500m^2。沉水和挺水植物相互配合，有效去除河道污染物，形成了广阔的水下森林。

（6）底泥污染释放抑制工程

在截污已完成、水系封闭或上游水质良好条件下，底泥中氮磷释放会成为河道氮磷的主要来源之一；而底泥中还原态硫释放常是臭味的主要源。对常州典型内河底泥，磷和还原态硫的释放对DO十分敏感，DO超过2mg/L时，两者释放可基本控制；氮释放与DO也密切相关，在沉积水平不同的区域间差别显著。

优选并投加适量的吸附剂和氧化剂，增强水质净化效果。还考虑了药剂药效持续期，以便更好地优化使用药剂。

4.2.10.4　修复效果评价

示范工程于2014年2月完工，试运行1个月，期间定期补苗，加强初期管理，系统稳定运行期，每天采样一次，连续监测1个月，重点监测DO、NH_3-N、TP和COD。监测数据见表4-12。

表4-12　示范河道工程实施前后水质监测数据表

监测内容	NH_3-N/(mg/L)	TP/(mg/L)	COD/(mg/L)	DO/(mg/L)
修复前平均值	5.61	0.58	21.54	1.60
修复后平均值	0.15	0.11	4.86	2.09
降低度/%	97.3	81.0	77.4	−30.6

监测结果显示，工程实施1个月后各污染物均大幅削减，DO有所增加，水体异味基本消除。NH_3-N由劣Ⅴ类改善至Ⅰ类，降低率达97.3%，TP由Ⅳ类改善至Ⅰ类水质，降低率达81.0%，COD由Ⅳ类改善至Ⅰ类，降低率达77.4%，DO有所增加，增幅为30.6%。

4.2.11 江苏省苏南地区某镇中心河治理工程

4.2.11.1 项目概况[45]

该河地处苏南县城小镇，位于苏南低洼地区，是典型的江南河网地区城市内河，中心河周主要河流包括越河塘、北里洪河、白仓径和汉浦塘。因周边地势高而中间低，这4条河流所围地区形成了长方形低洼地带，称为同心圩，总面积7km^2。同心圩的外河流常水位2.7m，最高水位4m，最低水位2.3m。周边地势整体走向为南高北低、西高东低。中心河从南边同心闸至北边新民北站，全长3.8km，平均宽18m，平均水深2.5m。河两端及沿河设置了许多泵、闸，可据需要控制河水流向和流量。河两岸为石块砌筑的硬质边坡，河流断面为矩形或梯形，河底为自然底质。

4.2.11.2 水体现状分析

(1) 水体现状

根据2008年11月至12月的5次采样监测结果，DO在0.75mg/L以下，COD在75～160mg/L间，TN在10～20mg/L间，NH_3-N在7～18mg/L间，TP在4～14mg/L间。其中，中心河污染较重。水质劣Ⅴ类。其中，COD_{Cr}、TP约超出Ⅴ类标准5倍，TN污染也较重。初步认定，中心河水体水质污染物主要是有机物、NH_3-N和P。

(2) 底泥现状

根据对中心河130多个底泥样品岩性的观察和分析，可知中心河底泥具两段式层序结构。顶部为流动浮泥层，呈黑色絮凝状，含水率高，以细砂质的悬浮颗粒为主，置于水中稍加扰动就能产生再悬浮，使水体变浑、变黑。底部为灰黄色泥层，以灰黄色河道自然泥质沉积为主，含水率低，质地细密，无异味，含有砖块和碎石等杂物。

4.2.11.3 治理方案

根据国家、江苏省的有关法规、标准，结合所在镇和中心河的实况，提出

中心河治理的近期和中长期目标。具体治理技术路线如图 4-12 所示。

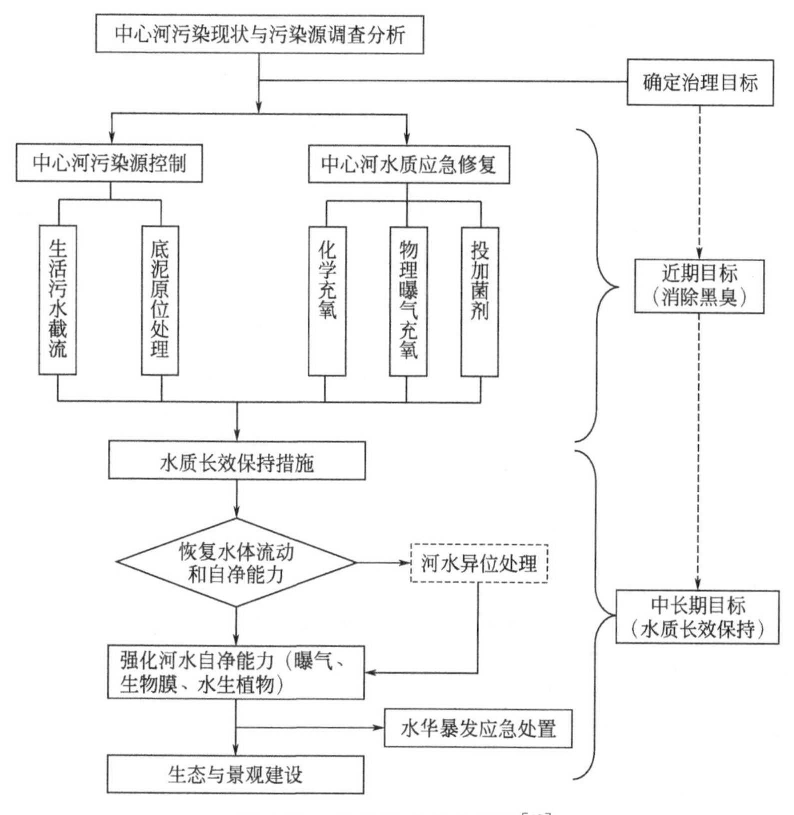

图 4-12　具体治理技术路线[45]

(1) 中心河污染控制

中心河的污水截污总量目标是将生活污水截流率由约 50%提高到大于 80%，所截流生活污水量由 3500m^3/d 增加到不小于 5600m^3/d（新截流污水量 2100m^3）。底泥控制目标为原位修复后表层底泥中有机质、硫化物得到部分去除，底泥耗氧量、总氮和总磷释放量有效降低。

根据污染源调查结果，选择生活污水排放较密集的中心河南段（同心闸至寰庆路）为外源污染控制的重点区。在同心闸至寰庆路河段内部的东西两侧布设截污管，以截流从两岸进入中心河的生活污水。

(2) 内源污染控制

因在寰庆路以南，黑色顶层浮泥层较厚，污染物浓度较高，建议清除表面的生活垃圾，再对其原位处理，尽量避免底泥再悬浮，内源释放带来污染。从寰庆路到同心闸，全长2.2km，原位处理面积约为$4\times10^4m^2$。

（3）中心河水质修复

采取的修复方案为人工曝气+投加KOT菌剂的治理方法。该技术核心是在河道中投加KOT菌剂，并用曝气机对水体曝气充氧。

在截污和疏浚后，中心河外源、内源污染大幅削减。河水中主要污染物由有机物转变成氮、磷，在水体滞流时，为藻类大量生长创造了适宜条件，此时中心河会进入藻类高发期，即从无水生生态系统阶段进入藻型生态系统阶段。通过人工修复技术，促使中心河实现流动，进一步降低水体中氮磷等植物性营养盐浓度，促使中心河由藻型向草型生态系统转变，恢复中心河的水生生态系统，恢复自净能力，降低人工修复的运行成本，实现水质长效保持。

（4）河流自净能力恢复方案

根据当地水利部门资料，中心河常水位一般控制在2.2m，警戒水位为2.5m，当高于2.2m时开始往外排水，而外河（北里洪河与樾河塘）常水位为2.7m。中心河地势为南高北低，南边高程约为2.9m，北边高程约为2.6m。提出以引离中心河不远的建邦生活污水处理厂尾水作为清洁水源。不仅解决了尾水排放问题，而且解决了景观河道用水问题。

（5）河道自净能力强化方案

河道自净能力强化技术主要包括曝气充氧、水生植物净化和水生植物修复等。在不影响河道防洪排涝前提下，在沿河道均匀设置水生植物生态滤床，滤床种植马蹄草和水鳖等景观水生植物。

4.2.11.4 修复效果评价

（1）中心河水质修复实施情况

经市镇两级政府商讨，决定先初步解决黑臭，用人工曝气+投加KOT菌剂方法。中心河治理项目自2009年6月24日施工，历经40d全部完工。自2009年8月5日开始设备运转和投加KOT生物菌。经10～15d运行，初步见效：黑臭现象明显改观（基本上闻不到臭味），透明度亦达30～50mm。

（2）中心河水质修复技术和经济分析

通过几个月运行，COD平均值降到55mg/L，去除率达50%；TP和

NH_3-N 去除率不明显。

4.2.12 江苏省常州市白荡浜黑臭水体生态治理与景观修复工程

4.2.12.1 项目概况[46]

常州市白荡浜位于常州市东南，为小西湖白荡湖一段，河流两岸基本为直立式挡墙驳岸。河水深为 1.5～2.5m，长约 200m，宽约 40～50m，面积约 9000m^2。水体基本无流动，靠泵站调节，无水生植物、鱼类和低等水生动物。

4.2.12.2 水体现状分析

对该河道进行水质监测（表 4-13）分析可知，治理段河道的 DO、COD、NH_3-N 及 TP 都属劣Ⅴ类。

表 4-13 白荡浜水质监测结果

项目	pH 值	DO /(mg/L)	透明度(SD) /(cm)	COD /(mg/L)	NH_3-N /(mg/L)	TP /(mg/L)
实测值	7.22	0.21	15	65.2	3.64	0.72
目标值Ⅴ类	6～9	≥2	—	≤40	≤2.0	≤0.4

4.2.12.3 治理方案

河道生态处理工艺流程见图 4-13。

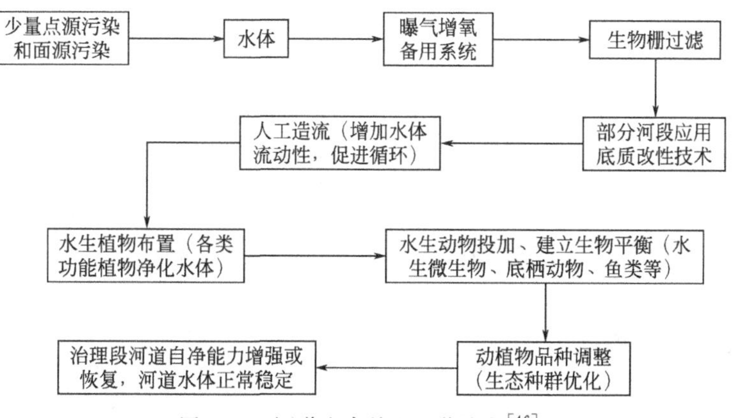

图 4-13 河道生态处理工艺流程[46]

考虑避免治理系统对周围生态景观造成影响，并与周围环境有机结合，设计方案中生态设施尽量少占河面，水下布置。同时选用基础无须固定、悬浮水中、可在一定范围内随水位升降自动调整设备。通过生态设施、设备运行，营造水体人工循环对流，改善水体中的水流流态，促进上下层水体交换，提高水中 DO 含量，削减水体中污染物，营造水生生态环境，构建水体生物系统，达到激活及增强水体净化机能的目的。

4.2.12.4 修复效果评价

该工程通过近 4 个月（5～8 月）的调试和运行，并对河道水质定期监测和控制，其处理的去除效果见表 4-14。

表 4-14 河道生态处理的去除效果

项目	0d	2d	5d	10d	20d	30d	60d	90d	120d	Ⅳ类标准
DO/(mg/L)	0.21	0.3	0.8	1.5	1.9	2.5	3.2	3.5	3.8	≥3
SD/cm	15	15～20	15～20	15～20	20～25	20～25	25～30	30～40	>40	—
COD/(mg/L)	65.2	64.0	64.8	63.5	56.1	50.4	39.6	32.1	27.5	≤30
BOD_5/(mg/L)	19.6	19.5	19.6	17.6	15.8	12.5	10.2	7.3	5.4	≤6
NH_3-N/(mg/L)	2.64	2.60	2.63	2.48	2.52	2.02	1.85	1.74	1.56	≤1.5
TP/(mg/L)	0.72	0.71	0.73	0.60	0.65	0.42	0.36	0.34	0.32	≤0.3

由表 4-14 可知：经 4 个月调试和运行，该治理段河道水质明显改善，DO 由初始的 0.21mg/L 增加到 3.8mg/L；对 COD、BOD_5、NH_3-N 和 TP 的去除率分别达到 57.8%、72.4%、41% 和 55.6%；SD 由初始的 15cm 到治理后的 40cm 以上。此外，工程治理段水面洁净，无藻类等漂浮物聚集，水体颜色正常，黑臭消除，景观得到美化，浮水和挺水植物长势良好，COD、DO、BOD_5 达到地表水Ⅳ类标准，河道生态趋于良性恢复。

4.2.13 江苏省南京生态科技岛河道生态修复工程

4.2.13.1 项目概况[47]

江心洲位于南京市西南部的长江中，是长江第四大冲击洲岛。岛内拥有大

量河道与水塘，水系总长 40km，共有贯通性河道 11 条，水域总面积约 $13.5\times10^5 m^2$，洲岛东部中段沿夹江有较多水塘，西部沿长江有湿地，其余以灌溉河道水系为主。

4.2.13.2 水体现状分析

经水质监测分析可知，该河段水质中除 TP 优于劣Ⅴ类，COD、DO、TN (参照湖泊标准)、NH_3-N 都属劣Ⅴ类。

4.2.13.3 治理方案

为达到地表水Ⅳ类水质标准，使水体洁净、颜色正常和无异味，形成以水生植物为优势种群的稳定生物群落，实施处理，工艺流程见图 4-14。

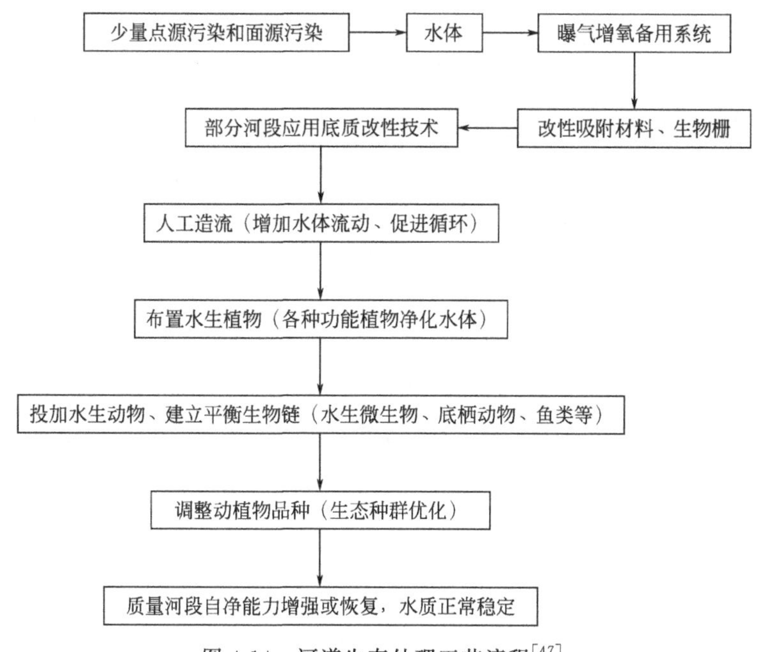

图 4-14 河道生态处理工艺流程[47]

生态岛的河道生态修复与生物治理技术主体分为以下 4 个部分。

(1) 建立高效生物膜降解系统

因河道中有 2 个显著污水排放口、1 个雨水排放口，为强化降解河道所接纳点源与面源污染，在河道中设置 80 个由弹性和悬浮球填料构成的生物膜水体自净化设备。设备无须固定基础、悬浮水中，可在一定幅度内随水位升降自动调节。

（2）建立水生植物生态系统

依河道现状并结合河道景观效果，对水生植物栽培区及挺水与浮水植物品种进行了设计，在河道周边建设挺水植物栽培区并管理，使植物成活并形成一定的生物量。根据植物类型、生态位和群落演替等理论，设计和栽培沉水植物。

（3）建立水生动物生态控藻系统

因河道富营养化严重，部分高温季节还会出现水体黑臭，故仅有少量耐污耐低氧的鱼类存活，水生动物生态系统残缺不全。根据水质水量等实况，设计投放适宜河道的鱼、螺和河蚌等。

（4）设置河道曝气系统

因河道接纳生活污水及含大量农业面源污染物的雨水，特别是暴雨时入河对水质产生冲击性影响，水质存在周期性短时恶化的可能，为防止暖季因水质恶化导致水体缺氧，从而引起投放的水生动物大量死亡的风险，在河北段设置了1套微气泡增氧系统。

4.2.13.4 修复效果评价

在2012年5～10月生态修复期，定期监测河道水质，取样点依水流方向共设5个。结果表明，随水生植物种植与生长，5～10月间平均SD达40.4～55.7cm，从上游到下游逐步增加；DO由治理前的1.71mg/L增加到治理后8～9月正常运行期平均＞10mg/L；治理前COD平均浓度为42.82mg/L，6～10月13～29mg/L，地表水Ⅱ～Ⅲ类；治理前TP平均浓度为0.24mg/L，8～9月平均0.13mg/L，达地表水Ⅲ类；治理前TN和NH_3-N分别为6.10mg/L、3.09mg/L，8～10月TN和NH_3-N分别为3.76mg/L、1.89mg/L。

调试运行约6个月，COD、TP、TN和NH_3-N的去除率分别约44.2%、45.8%、38.3%和38.8%，均达地表水Ⅳ类，水体SD约0.5m，最好时约1m，该河水质改善明显，不仅黑臭消除、水面洁净、无藻类聚集，河中芦苇、美人蕉、黄菖蒲和雍菜等挺水、浮水及沉水植物长势良好，生态趋于良性恢复，同时色彩鲜艳、清澈摇曳，增加了美观性，取得了较好的环境效益与社会效益。

4.2.14　江苏省昆山市凌家浜河黑臭水体生态修复工程

4.2.14.1　项目概况[48]

凌家浜河位于昆山市玉山镇马鞍山中路与凌家路交汇处，长约 600m，宽 10～60m，水域面积约 $1.8\times 10^4 m^2$，水深为 0.5～2.8m；河道呈 L 形，上游为东西走向，东部被凌家路隔断；下游为南北走向，河道南端与东风河相通。因多年生活污水及雨污混流的排入，凌家浜河道底泥中污染物积累，河水流动性差，导致河道季节性“黑臭”，在雨季会有大量雨污水经雨水口入河。河中有少量穿条鱼存活，大部分有石驳岸的河道两侧无挺水植物生长，河道北端的自然驳岸处有少量挺水植物；整个河道内无沉水植物。

4.2.14.2　水体现状分析

2012 年 9 月对河道水质监测结果见表 4-15。表明 COD_{Mn} 和 TP 浓度较低，处于《地表水环境质量标准》（GB 3838—2002）Ⅱ～Ⅴ类；而水体中受氮源污染较重，NH_3-N、TN 处于劣Ⅴ类，整体水质评价均为劣Ⅴ类。

表 4-15　水质监测结果

项目	pH 值	DO/(mg/L)	COD/(mg/L)	TN/(mg/L)	NH_3-N/(mg/L)	TP/(mg/L)
3# 采样点	9.02	8.23	41.64	5.41	2.33	0.26
4# 采样点	7.75	5.71	32.12	3.51	1.19	0.07
5# 采样点	7.68	6.81	36.88	9.25	6.21	0.38
平均值	8.15	6.92	36.88	6.06	3.24	0.24

4.2.14.3　治理方案

昆山市凌家浜水体生态修复工程技术的实施分 4 个部分。

（1）建立生物膜强化污染物降解系统

因凌家浜河道中 2 个显著污水排放口，1 个雨水口，为强化降解凌家浜所接纳的较大量点源和面源污染，在凌家浜河道设置了 30 个由悬浮球和弹性填料构成的生物膜水体自净化设备，投加由生物膜形成菌、硝化细菌和反硝化细菌等多种细菌组成的复合微生物制剂，调整水体中微生物群落，促使载体上生物膜大量形成，促进污染物降解。

(2) 建立水生植物生态系统

在河周建设了约4000m^{2}的挺水植物栽培区，2013年初栽培了千屈菜、花叶芦竹、芦苇、茭白、梭鱼草和黄花鸢尾，管理并使植物成活并形成一定的生物量。

依植物温型、生态位、群落演替等理论和示范区的环境条件，对沉水植物栽培品种进行了设计和试验栽培，2013年春、冬季在河道1m左右的浅水区栽种了菹草、苦草、黑藻、穗状狐尾藻和金鱼藻等。

(3) 建立水生动物生态控藻系统

2013年2～6月分3批共投放1200kg（10尾/kg）滤食性鱼类，5000尾杂食和肉食性鱼类，投放3000kg螺蛳，以延长食物链，防止藻华发生。

(4) 设置河道曝气系统

在河东部设置了一套微气泡增氧系统，螺旋风机以浮床形式置于水面，风机连接5个曝气盘。增氧系统作为应急补氧措施，以确保河道水生动物生态系统的安全。

4.2.14.4 修复效果评价

在2013年4～10月河道生物修复期，每月采样一次，取样时间为每月14～17日，依水流方向共设5个取样点，用采水器定点在水深1m处取样。

水体总体SD平均为47.4 cm，随2、3月沉水植物种植和生长，4月水体SD达62～86cm，而在5～10月间平均SD为40.6～46.6cm。河道治理前的平均DO值为6.92mg/L，在河道修复过程中，水中DO随温度、时间和取样点位的不同而变，总体上水体DO达5mg/L以上。治理前平均COD浓度为36.88mg/L，治理后监测数据均在13～30mg/L。治理前水中TP的平均浓度为0.237mg/L，治理中采样点的TP平均浓度0.434mg/L。TN浓度从7.38mg/L降至1.12～3.79mg/L，NH_3-N浓度由4.61mg/L平均降至<0.5mg/L 。

经6个多月运行，COD、TN和NH_3-N等达Ⅲ～Ⅴ类，水体SD约0.5m，最好时接近1m，恢复了河道中由挺水、沉水等多种水生植物和动物组成的水体和水陆交错带的生态系统，增加了河道的生物多样性，强化了水体的自净能力。此外，工程治理段水面洁净，无藻类等漂浮物聚集，水体颜色正常，黑臭消除，景观得到美化，明显改善了河道景观效果。工程治理前、后的对比照片见文后彩图16。

4.2.15 江苏省无锡五里湖水环境治理工程

4.2.15.1 项目概况[49,50]

太湖是我国第三大淡水湖泊，五里湖是梅梁湖（太湖的一个湖湾）伸入陆地的一片水域，东西长6km，南北宽0.3～1.5km，面积约6km^2；平面形状呈两头窄，中间宽，常年水位3.07m，平均水深1.60m，容积8.24×$10^6$$m^3$。五里湖被宝界桥分为东五里湖和西五里湖。五里湖与梅梁湖接壤处建有犊山防洪枢纽工程，经节制闸和梅梁湖连通。五里湖北面的骂蠡港河道与无锡市区连接，东面曹王泾河道与京杭大运河连通，南面长广溪河道和贡湖连通；沿湖还有多条支河与周边城镇和农村相连接，形成一个既相对独立又相互联系的水系。

4.2.15.2 水体现状分析

五里湖曾是太湖水质污染最重的区域之一，COD_{Mn}、TP和TN均为劣Ⅴ类，透明度仅约40 cm，藻华频发。

4.2.15.3 治理方案

（1）控源减污

包括控制外源和内源

① 截流直接入湖的工厂、饭店等点污染源，沿湖修建污水管；在各河修闸阻挡污染河流入湖。同时大大降低了非点源污染，对周边鱼塘实施退渔还湖，沿岸带加强绿化，控制初期雨水污染。

② 内源方面，对湖内污染底泥实施环保疏浚，取消了湖内养殖和水上机动船，这些措施使五里湖污染大大降低。

（2）生境改善

① 在底质方面，通过环保疏浚去除了表层污染底泥，修复了部分湖滨带基底，使陡岸变成缓坡或浅台，并结合退渔还湖的实施营造生态重建条件。

② 水质方面，在控源减污基础上进一步提高了水体透明度，用陆生植物浮床、水生植物浮床、超大流量造流曝气等措施。

③ 水位方面，利用现有条件，在水生植物生长初期，调控退渔还湖区水位，以利于沉水植物萌发和扩增。

④ 还利用围隔技术，营造局部水环境，先使先锋区沉水植物成活、扩增、形成群落优势并能抵抗一定外来胁迫。

（3）生态重建

在生境改善后，对五里湖进行生态重建的引种，主要是水生植物重建，在湖滨带浅水区种植挺水植物芦苇、香蒲、茭草、菖蒲和鸢尾，在挺水植物内侧种植浮叶植物荇菜、睡莲、金银莲花和菱等，在敞水区种植沉水植物马来眼子菜、狐尾藻、菹草、苦草和黑藻等。

（4）稳态调控

在工程示范中放养了螺蛳及河蚌以改善底质环境。浅水湖泊清水稳态转换成浊水稳态，其生物群落变化非常明显，主要经历两个阶段：一是沉水植物演替；二是湖泊生态系统稳态转换。

4.2.15.4　修复效果

五里湖修复前后对比照片见文后彩图 17。

4.2.16　浙江省温州市九山外河水质净化工程

4.2.16.1　项目概况[51]

示范工程河段位于九山外河北段（清明桥河通桥），地处温州市鹿城区九山路路段，属温瑞塘河水系在中心城区的河段，是勤奋片河网的一部分。示范段河道全长约 $1.5\times10^{3}m^{2}$，河道平均宽约 13m，河底高程约 $-0.5\sim0m$，水

面面积约 $3.12\times10^4m^2$，水体槽蓄量约 $4.0\times10^2m^3$，疏浚前底泥厚约 0.58m，河流流向受温瑞塘河调水影响。

九山外河污染源主要来自河西，沿河两岸居民污水漏排与直排现象极普遍，同时因雨污混接、管网渗漏十分严重，导致污水入河量大，河道水体流动性差，河道纳污负荷仍很高，水体常年黑臭，感官效果极差。

4.2.16.2　水体现状

2010 年 3 月和 6 月分别对九山外河示范区河段水环境的本底进行了调查（Ⅰ为 2010 年 3 月 31 日河流水质，Ⅱ为 2010 年 6 月 17 日河流水质）。监测结果表明（见表 4-16），九山外河示范区河段水质的 COD_{Cr}、BOD_5、NH_3-N、TP 等严重超标，均为劣Ⅴ类，属典型城市黑臭河流。

表 4-16　九山外河治理前水环境质量

编号	水深/m	透明度/cm	检测项目及结果/(mg/L)				
			COD_{Cr}	BOD_5	DO	NH_3-N	TP
Ⅰ	0.89	10.0～20.0	176～336	30～45	0.12～1.43	11.07～36/25	0.62～1.11
Ⅱ	0.89	10.0～20.0	48～128	8.8～32.4	0.68～4.02	2.98～18.78	0.62～1.11

4.2.16.3　治理方案

（1）治理目标

本工程目标是消除河流黑臭，稳定改善河道水质，修复河道水生态系统，恢复河道景观功能。

具体治理如下。

① 水质指标 COD_{Cr}、BOD_5、达Ⅴ类水标准（年均值，下同），DO 浓度不低于 1mg/L，NH_3-N 和 TP 浓度分别低于 6mg/L 和 1mg/L。

② 水体透明度达到 50cm 以上。

③ 水生植被覆盖度达 30%，滨岸带和水生生物多样性指数达中度以上。

④ 较低的工程投资和运行费用。

（2）治理措施

具体措施。

1）疏浚与截污纳管　主要针对现有雨水排放口，通过排放口处设置污油拦截槽，阻止初期雨水径流中的油污及漂浮垃圾等入河，结合对现有排放口的调查，共设置污油拦截槽10处。

2）增氧强化　选用经济型强力造流曝气机。

3）原位生态净化设计　生态浮床约3600m^2，其中含生态净化槽8个（长20m，宽1m）。植物选择综合净化效果和景观作用，挺水植物选梭鱼草、美人蕉和千屈菜等，漂浮植物选香菇草、睡莲和狐尾藻等，多种水生植物搭配。

4）内源污染控制与底栖生境修复　黑臭河道在疏浚后仍有少量污染沉积物残留，设置沉水植物种植槽，约2600m^2，并投放贝类水生动物500kg，可为水生生物提供附着和栖息场所，有效提高河道水生生物多样性。

5）应急处理设施　人工构建的生态修复系统较脆弱，故向河道投加生物制剂的保证措施，进行污染水体原位修复，以应对突发环境事故影响。

6）实施方案　内源污染控制释放与底栖修复工程需引种沉水植物，沉水植物对河水的水质及透明度等的要求较高，故需在其他措施取得一定成效后方可实施。第一阶段主要工作（一期工程）：曝气增氧强化与原位生态修复工程。第二阶段主要工作：内源污染控释与底栖生境修复工程（二期工程）。

4.2.16.4　修复效果评价

示范河段的采样点的河水DO含量依次明显升高，在1.57～3.04mg/L之间，说明措施对示范河段水体的DO水平改善效果显著，黑臭基本消除。COD_{Cr}浓度为21.90～23.05mg/L，平均去除率为68%，说明措施对示范河段的COD_{Cr}去除效果显著且趋于稳定。TN平均值为6.04mg/L，NH_3-N浓度为2.07mg/L，TP平均浓度为0.82mg/L，均达目标要求。

4.2.17　湖南省常德滨湖公园水质改善与生态修复工程

4.2.17.1　项目概况[52]

常德滨湖公园位于常德市武陵区，占地27.24×$10^4$$m^2$，其中水域面积15×$10^4$$m^2$，平均/最大水深为1.8m/3m。公园内树木葱茏、百花吐艳，湖水碧波涟涟，曲桥凉亭，小榭楼台，处处体现了浓郁水乡特色，是市民日常休闲娱乐好去处。而在实施修复工程之前，滨湖公园面临水体富营养化、自净能力差和景观单一等水环境问题。

4.2.17.2 水体现状分析

水体富营养化，内源污染严重。一份调查表明，滨湖水体水质劣Ⅴ类，水体主要问题为富营养化，全湖 TN、TP 平均值分别为 2.33mg/L 和 0.18mg/L，且因水体藻类大量生长，水体透明度仅 0.5m。根据水质及叶绿素数据，全湖综合营养状态指数平均值为 66.3，表明湖泊水体为中度富营养化。所采沉积物样本均为灰黑色，其有机质含量达 3.2%、TN 含量达 3.16mg/g、TP 含量达 1.12mg/g，说明滨湖内源污染严重。

4.2.17.3 治理方案

针对滨湖公园存在的主要问题采取了主要包含水生态系统构建和水体原位净化两大技术体系，涉及水生植物恢复与重建、非经典生物操纵、藻菌生物膜、生态浮岛、人工曝气及湖滨景观生态工程等多项生态修复技术。

项目主要由水体生态系统构建、重点水域强化净化及湖泊景观节点营造等工程组成；同时为保证工程措施能发挥其设计效果，还建立了长效管理系统。

① 水生态系统构建工程。实现富营养化浅水湖泊生态修复的根本途径是建立一个健康完整的水生态系统，而实现此途径的核心是恢复大型维管束植物(特别是沉水植物)，其是浅水湖泊保持健康“清态”的重要标志的最主要贡献者。

② 滨湖水体生态系统构建工程。包括对滨岸带挺水植物、近岸带浮叶植物和水面沉水植物的种植和恢复。在完成水生植物种植后，依滨湖公园湖泊面积，择机放养滤食性鲢、鳙等鱼类和螺、蚌等底栖动物。此外，放养一定数量耐污肉食性鱼类乌鳢，控制水体中小杂鱼的数量。

③ 重点区域强化净化工程。在重点区域设置曝气充氧和人工水草对水体水质进行强化净化处理。

④ 湖泊景观节点营造工程。在公园重要节点构建景观型生态浮岛，在净

化水质、丰富湖面景观时也可为鸟类及蜻蜓等提供栖息场所。

⑤ 长效管理系统的建立。主要包括严控外源污染、建立水质跟踪监测系统、水生态系统的监测与种群结构优化调控、水体原位强化净化设施维护保养及应急处理方案的建立等。

4.2.17.4 修复效果评价

提升湖泊水质。2015 年 5 月该项目工程验收时，经常德市环境监测站测定，滨湖公园 4 个湖区水体高锰酸盐指数（COD_{Mn}）、TN、TP、NH_3-N 平均值分别为 2.97mg/L、0.90mg/L、0.097mg/L 和 0.11mg/L。工程实施后滨湖公园水质在短期内得到明显改善，水质由劣Ⅴ类改善到Ⅳ类。同时，滨湖水质跟踪监测显示，2015 年 5 月～2016 年 5 月，滨湖整体水质稳定保持在Ⅲ～Ⅳ类。

4.2.18 福建省晋江内沟河水体生态修复工程

4.2.18.1 项目概况[53]

内沟河位于晋江青阳境内，是九十九溪的重要支流，河道全长 1470m，宽为 25～30m，常水位为 2.0m，平均淤泥厚为 1.2m，蓄水总量约为 55200m^3。

4.2.18.2 水体现状分析

因该河段地势较低、坡降平缓、底泥淤积重、水流滞缓，加上两岸支流及排污管的生活污水和工业废水未完全截留处理直排入河，污染负荷大大超出河流自净能力，河流生态自净功能丧失，河水长期黑臭。

4.2.18.3 治理方案

（1）整治两侧道路

拆除违章建筑、临时建筑物、特别是依河岸而建的构筑物；全线完善未硬化的村道等；两侧道路整治主要是打通护岸后防汛通道，确保道路畅通。

（2）迁移污染的企业

由环保部门牵头，关闭小作坊，外迁规模企业。发改部门执行布局优化的产业政策，落实市区重污染企业退二进三措施，减少污染。

（3）清理淤泥

内沟河淤泥厚50～100cm，须疏浚淤泥约$2.5\times10^5m^3$。经公开招标投标，组织分段施工，在枯水期，河道淤泥被全部运走填埋，水域面貌焕然一新。同时适量投放鱼苗，河段水环境逐步得到恢复。

（4）新建截污管道

根据现场实况，启动晋江市内沟河（沟头～坊脚）截污管道工程、晋江市内沟河（普照～莲屿）截污管道工程，新建内沟河东侧和西侧截污管道，修复部分西侧旧管道。两个工程完全收集片区内生活污水，全面截留沿线明沟、暗涵雨污合流的污水。管道工程完成后，市区污水处理厂水量增加了约20000t/d。两个截污工程达到设计目标，环境效益非常明显。

（5）完善市政水利设施

在中心城区的普照溪河段实施引水冲污，在市中心主河道上游沟头社区，改造原来的临时污水泵站。完善这两个市政工程设施，提高河水流速，加快水体流动，有效改善河道流态，实现内沟河的根本治理。

（6）绿化改造

一在防汛通道临水侧补种被破坏、遭病害的植物，恢复上部的河岸绿化；二在内沟河水面上，设置生态浮岛$6000m^2$，种植生长较快的水生植物。从点到面，立体化、全方位绿化改造，实现生态治理。

4.2.18.4　修复效果评价

经治理后，河道水体去黑除臭，DO从0升到3.0mg/L以上；透明度达35cm，大量浮游生物、鱼类等重新出现，水质达城市水域功能区要求。该河段的成功治理得到了泉州市和晋江市领导的赞赏和大力支持。

4.2.19　福建省厦门五缘湾湿地公园水体生态修复工程

4.2.19.1　项目概况[54]

五缘湾湿地公园是厦门岛内最大的主题生态公园，被喻为厦门独一无二的

“城市绿肺”，位于厦门市五缘湾片区南部，全园为南北长约 3km、东西宽约 0.5km 的狭长水道及区域。

4.2.19.2 水体现状分析

因区域经济高速发展与市政配套建设相对滞后，一些工厂废水、居民生活污水及农药化肥残留物直排湿地，导致水体污染重，湿地水域富营养化，甚至一些汇流区水体黑臭，严重影响公园整体自然景观效果。

4.2.19.3 治理方案

采取以下措施进行生态修复。

（1）底泥矿化处理技术

2008 年 6 月 3 日起，在湿地公园污泥淤积较重的主湖区（原排污口）实施底泥矿化处理。营养制剂主要包括氨基酸、微量元素、矿化酶、有机酸及促生因子，混合后通过高压水枪注射方法给药，按 2～3mg/L 浓度投放，每周投放 1～2 次。气温高于 28℃时，可适当增加药剂使用浓度。在上覆水体 DO（≥3mg/L）充足时，一般 6 个月内即可形成厚约 10cm 的棕色氧化膜层。

（2）微生物净化技术

高效微生物是生态系统的重要组成，能将自然界中动、植物尸体残骸分解，将一些有害污染物加以吸收和转化，成为无毒害、无机物质。

（3）人工浮岛净化技术

利用植物无土栽培原理，用空心聚乙烯框结合毯状椰棕有机编织成作为浮床载体，栽植水生植物。通过水生植物根部的吸收、吸附和根际微生物对污染物的分解、矿化及植物化感作用，削减水体中的 N、P 和有机物，抑制藻类生长，净化水质，恢复洁净好氧湖泊生态系统。

（4）生物栅技术

生物栅是一种为参与污染水体净化的微生物、原生动物和小型浮游动物等提供生长附着条件的设施。

（5）增氧推流技术

为加强湿地水系循环，分别在主要静水区和湖区过渡断面设置增氧机，在

增强水体流动性的同时提高溶氧。

(6) 复合滤床处理技术

用杉木桩制成框架，内用管网集水系统。利用回流泵运行将滤床所在静止水通过管网输送至外围大循环水域，形成小循环与大循环相互交换。在填料上种植睡莲、菖蒲和再力花等。

(7) 人工湿地技术

在湿地公园东侧，结合迷宫景观，设置了面积为2400m^{2}的人工湿地，种植了包括美人蕉、旱伞草、芦苇、菖蒲、再力花、梭鱼草和纸莎草共7种11类挺水植物。人工湿地设置及迷宫湿地有机结合，有效提高利用现有水生植物对水体的净化效率。

4.2.19.4 修复效果评价

修复效果对比照片见文后彩图18。

4.2.20 北京市通惠河（通州段）水环境状况及其生态护岸工程

4.2.20.1 项目概况[55]

通惠河通州段起点为八里桥，终点为温榆河口，总长度约4.3km。河道的功能定位为：区域防洪排水为首要功能，休闲、景观、生态及文化教育等为其余功能，为北京东部地区的绿色屏障。依据通惠河入北运河处的河道水质监测资料，通惠河下段的河道水质为劣Ⅴ类。尤其是春到夏季，河道内水体发黑并散发出难忍受的恶臭，在生物厌氧作用下河底底泥污染物出现上浮，在河道水面上漂浮大量红浊污染物，导致河道水生态环境严重破坏，并对河周边地区居民的生产生活环境造成恶劣影响[55]。

4.2.20.2 水体现状

通惠河（通州段）受上游来水水质影响，以及私接污水管道、周边居民随意倾倒垃圾等污染的影响，近些年严厉打击私接污水管道行为，对周边居民的环境保护宣教起了积极作用，但2016年前水质仍未见好转，为劣Ⅴ类，不能满足规划目标——Ⅳ类。

随着通州区建设北京城市副中心的推进，以及对通惠河治理力度的加大，通惠河（通州段）水体水质预计会发生明显改善，最终达标。

4.2.20.3 治理方案

（1）内源控制

原则上不改变通惠河（通州段）全长4.3km河道现状走向，整体疏浚，疏挖河底淤泥。将原有河道全线扩宽，上口宽由约70m扩宽至100～200m。河道边坡放缓为（1∶3）～（1∶8）。河内水面宽为60～84m，绿化带宽为110～190m。

（2）截污式合流制溢流（COS）控制

在八里桥处建立水质处理站，在河道南岸修建引水管道，将上游来水引入八里桥水质处理站处理。处理过的水通过管道引入两岸景观滨水带，景观跌水流入溪流，溪流沿河自流，向浅水湾溢流，浅水湾向主河槽溢流。

进一步加强水质监测，及时封堵排污口，确保无污水入河，入河水质达标。

（3）生态修复治理

拆除通惠河（通州段）4.3km两岸预制混凝土六角砖，选用符合生态建设发展的生态护坡，河道边坡由1∶2放缓为（1∶3）～（1∶8）。针对河道不同位置，因地制宜，选用不同生态护岸方式，改造方式实现统一而不单一，在满足河道安全基础上实现河道地下水回补等生态功能。

针对170～250m宽的河道范围内净水渠、浅水湾及岸坡部分河段实施景观绿化设计。

整体景观设计强调重点、因地制宜、以人为本，实现滨水区的空间共享，突出生态理念，以绿为主，以水为趣，强化城市特色，注重文化的传承与发展。

绿化设计强调植物品种的合理搭配，在视觉效果上相互衬托，丰富而又错落有致。设计主要利用植物与地形有机结合，形成层次丰富的植物群落，注重河道内绿化，丰富水生植物景观；以大乔木构建滨河带的“浓荫”风貌，将活动广场隐于林下；运用大量花灌及林下地被植物，关注游人游走于林下时的感受；以自然式种植为基底，在靠近外侧市政路区域以大乔木成排种植；将植物进行特色分区，做重要节点设计。

（4）径流雨水控制

在西海子公园北侧建设潜流湿地，湿地位于通州西海子公园北侧至通惠河南岸所包围的条状地带，西侧至西海子西路，东侧至规划建设的北关大道。

根据湿地建设场地情况，湿地形状布置为长条状。湿地总面积 21962m^2，去除湿地园路面积，湿地净面积为 19308m^2。湿地总体上分为水源取水及调蓄、湿地单元和湿地出水排水三个部分。按河道布置要求，湿地进水布置在河道外侧，出水布置在临河位置，满足河道用水及管理维护需要。

（5）水循环系统构建

水循环系统分为两部分：一是河道净水渠与湿地的小循环系统；二是湿地、河道净水渠、水乡区、葫芦湖和西海子湖的大循环系统。

根据水循环系统的要求，需在通惠河（通州段）起点修建穿河倒虹吸 1 处，用于河道右岸净水渠、浅水湾内水体流动至河道左岸，倒虹吸用 DN500PE 管，管两端设竖井，为考虑河道景观效果，竖井设于设计河坡处，用侧向进水，竖井井口外设沉沙池；在西海子湿地处新建提升泵站一座，为西海子湿地提供水源，并预留西海子湖水接入口；在通惠河入温榆河河口处，河道右岸滩地上新建水乡区提升泵站一座，为水乡区提供水源，并抽取河道左、右岸净水渠、浅水湾水进行循环。

4.2.20.4 修复效果评价

通过生态护岸替换原有硬质护岸，并构建河岸植被缓冲带，体现河岸缓冲带的生态水文功能，有效控制河岸侵蚀，截留地表径流中的泥沙和养分，利于保护城市河流水质，起到调节城市气候、维护城市河流生物多样性及其生态系统完整性的作用，最终提升河岸景观质量，有效发挥城市河流的生态功能。

4.2.21 山东省青岛市李村河黑臭水体治理工程

4.2.21.1 项目概况[56]

李村河是青岛东岸城区流域面积最大、河道最长、支流最多的一条入海河道，源于崂山余脉百果山，全长约17km，汇水面积147km^2，流经李沧东部生态商住区、青银高速、李村商圈、重庆路、胶济铁路和环湾路，汇入胶州湾，既是重要防洪排涝通道，又具重要生态功能。

青岛市委市政府高度重视胶州湾保护工作，按“治海先治河、治河先治污”思路，近年来下大力度实施环湾各流域整治。自2009年起，陆续对李村河分段实施综合整治。2017年前已完成李村河上游（百果山-青银高速）段约8.4km综合整治；基本完成李村河下游（君峰路-入海口）段约5.6km综合整治；2017年进行了李村河中游（青银高速-君峰路）段约3km综合整治。整治内容主要包括截污、防洪、生态修复、蓄水、景观环境建设等，累计完成总投资约24亿元。经整治，切实改善了李村河水体黑臭和环境脏乱差的面貌，提升了河道沿线城市环境质量。

4.2.21.2 水体现状分析

整治前的李村河上游流经旧村较多，截污管网不完善，雨污混流突出；中游流经李村大集，面源污染、垃圾是河道污染的主要因素；下游沿线多为旧村、工厂企业，加之部分支流截污不彻底，河道水质恶化。经排查，李村河中下游沿线共发现70余处污水直排口，污水量约30000t/d，河道水质超标2～5倍，是李村河水体黑臭的最主要原因。

4.2.21.3 治理方案

① 贯通截污主干管，完善污水管网系统。在李村河沿线建设DN1200～2000截污主干管，完善李村河流域污水管道系统，使河道两岸污水主干管总输水能力达6.0×10^5t/d。

② 加快李村河污水处理厂改扩建，提升污水处理能力，并同步进行上游污水处理厂建设。为配合李村河流域污染治理，2014年，启动了李村河污水处理厂改扩建工程，处理规模由每日1.7×10^5t扩容至2.5×10^5t，出水水质达到一级A标准，满足流域远期污水处理水质、水量要求。为优化污水处理设施布局，在上游支流河道——张村河选址建设1.0×10^5t/d的污水处理厂，使流域总污水处理能力达3.5×10^5t/d，解决污水处理能力不足的问题。

③ 推进河道支流截污及污染点源治理。完成水清沟河、河西河、杨家群河与郑州路河等 4 条支流河道的截污及污水点源治理工作，使污水就地接入市政污水管道，减少污水直排河道约 1×10^4 t/d。

④ 发挥河道临时截污措施的辅助作用。针对李村河沿线污染来源复杂，沿线部分旧村近期改造困难，短期内难彻底解决的问题，通过临时截污措施解决污水直排。在李村河下游整治范围内，建设 11km 长的“河中渠”（上游为管径 $DN1600$ 管涵，下游为 1.8m×2m、1.8m×3m 箱涵）和 $1\times10^4m^3$ 雨水调蓄池（另规划的 3 处调蓄池远期建设），收集点源污水、初期雨水入调蓄池；同时与李村河污水处理厂联动，在污水厂进水低峰期将调蓄池内蓄水由压力管输送至污水处理厂处理，解决河道沿线支流、暗渠等污水点源直排问题，保证旱季污水纳管，雨季收集初期雨水，控制面源污染。

⑤ 在河道整治中实践海绵城市理念。李村河综合治理在满足防洪排涝基础上，研究并实践了城市生态海绵的理念，用生态驳岸、拦蓄水、滨水湿地和下沉绿地等措施渗、滞、蓄、净化雨水，将河道生态改造、城市开放空间系统整合与城市滨水用地价值提升有机结合，充分发挥河道景观作为城市生态基础设施的综合生态系统服务功能。河流串联起溪流、坑塘及洼地，形成系列蓄水池和不同承载力的净化湿地，构建了完整的雨水管理和生态净化系统。拆除混凝土河堤，重建自然河岸，昔日被水泥禁锢且污染严重的城市“排水沟”，逐步恢复生机，河流自净能力大大提高。

⑥ 解决河道补水、蓄水问题。李村河上游结合河道地形地貌和景观设计建设多级蓄水坝，将流动的小股河水转化为动态溪流景观，补水源主要有上游水库、世园会水质净化厂（6000t/d）。在李村河下游整治中，结合河道清淤后的河底标高及整体河道的坡向变化，建设 1 座挡潮闸、5 座橡胶坝、11 座刚性坝和 2 座刚坝闸等拦蓄水设施，在不影响行洪的前提下通过分级设坝的方法积蓄雨水，总蓄水量约 $1.4\times10^6m^3$；同时，沿河规划建设再生水管道 11km，以李村河污水处理厂中水作为河道补给水源，实现“河流”变“河湖”。

⑦ 解决赶潮段海水入侵问题。青岛市环湾流域河道入海口均存在海水入侵，土壤盐碱化，生态修复困难等问题。为此，李村河下游整治工程设计在入海口处建设一座挡潮闸，共 23 孔，全长 287m，在满足防潮挡浪、防洪排涝的同时可有效拦截雨洪资源，满足生态、景观用水需求，避免海水入侵，为河道

生态修复创造良好水环境。

⑧ 以人的需求为根本，打造河道生态景观廊道。李村河整治与沿线城区开发建设和改造相辅相成，河道整治始终立足于满足人民群众的需求和对改善生活环境的期盼。

4.2.21.4 修复效果评价

通过近几年的整治，李村河沿线增加绿化面积达 $2.0\times10^{6}m^{2}$，建设绿道约 20km，形成一条贯穿岛城北部城区的重要生态景观廊道。随着河道整治增加大量的休闲建设、文化娱乐和市政公共服务设施，有力地带动了沿线 50 余平方公里的开发，为建设宜居幸福青岛发挥积极作用。

4.2.22 山东省曲阜市污染河水人工湿地水质净化及生态修复工程

4.2.22.1 项目概况

曲阜市是中国伟大的思想家、教育家孔子的故乡，是国务院首批命名的全国二十四个历史文化城市之一。曲阜市人民政府为促进全市经济社会和环境的高水平协调可持续发展，制定并实施了曲阜市国民经济和社会发展的“十二五”、“十三五”规划，将环境保护纳为重要专项规划，将建设生态曲阜作为重要规划目标。

地表水环境污染防治是环保的重点项目之一。曲阜市境内地表水属淮河流域南四湖水系，共有泗河、沂河、蓼河、崇文湖和岭河等大小河流 14 条。南四湖水系为南水北调工程东段重要水源地，为改善环境质量，确保曲阜市生态建设和南水北调工程水质目标的顺利实现，曲阜市在实施流域污染综合治理的基础上，规划建设沂河、蓼河和崇文湖人工湿地水质净化及生态修复工程，深度处理污染河水。处理河道总长 37km，占地 7000 亩，设计进水水质为《城镇污水处理厂污染物排放标准》（GB 18918—2002）一级 A 排放标准，出水水质达到 COD≤20mg/L，NH_3-N≤1.0mg/L，符合《地表水环境质量标准》（GB 3838—2002）Ⅲ类标准，满足南水北调东线工程治污规划要求。

4.2.22.2 治理方案

山东省曲阜市污染河水人工湿地净化及生态修复工程总体方案平面图见文后彩图19。

曲阜市境内河道纵横，上游水径流量变化较大，截污导流工程无法对境内污水实施有效的拦截和蓄存。况且截蓄也不是流域水污染治理的最终目标，强化流域的生态恢复过程，使之向提高自净能力、改善水质与生态环境、恢复自身应有生态功能的方向尽快转变，改善当地水环境才是流域水污染综合治理的根本。

基于技术稳定、经济可行、管理简便的设计原则，综合考虑水质净化与生态保护相协调、环境和经济效益并重、工程建设和产业结构调整统一，确定工艺方案为生物滞留塘＋河道走廊式人工湿地＋表面流人工湿地。

通过建设生态滞留塘、河道走廊湿地系统、表面流人工湿地，使污水形成重力循环流，依次经生态滞留塘、河道走廊湿地、多级表面流湿地系统。污水在净化塘内缓慢流动，通过在污水中存活微生物的代谢活动和包括水生植物在内的多种生物的综合作用，初步降解有机污染物。利用湿地系统中物理、化学和生物的三重协同作用深度降解河水中的污染物，使处理出水基本达到地表水Ⅲ类。

（1）生物滞留塘

主要功能：利用主河道改造成河道滞留塘，配置人工水草和沉水植物，对入河污水预处理。生物滞留塘是菌藻共生系统，利用细菌和藻类等微生物共同作用处理污水，主要靠塘内藻类光合作用供氧，水位较浅（0.3～0.5m），阳光能直射池底，藻类旺盛，加上水面风力搅动进行大气复氧，全塘水呈好氧态；生物滞留塘在河道内形成一定容积，提高污染河水在河内停留时间，通过在不同水深配置不同植物，实现对污水中悬浮物大部分去除、部分有机污染物、NH_3-N和P的削减。

（2）河道走廊湿地

河道走廊湿地剖面如图4-15所示。

主要功能：将污水有控制地投配到土壤常处于饱和态、生长有水生植物的人工湿地中，污水在沿一定方向流动过程中，通过耐水植物、微生物和土壤的联合作用，污染物被去除，水质被净化。

图 4-15　河道走廊湿地剖面图

（3）表面流湿地

表面流湿地工艺原理如图 4-16 所示。

图 4-16　表面流湿地工艺原理图

主要功能：表面流湿地系统类似于天然沼泽，水面暴露于大气，污水在湿地床体的表层流动，水位较浅（0.3～0.6m）。污水进入表面流湿地时，绝大部分有机物的去除是由生长在水下的植物茎、秆上的生物膜完成。除改善水质外，表流湿地还给人们提供景观价值，为水生野生动植物提供栖息地。

通过湿地建设实现水质净化及生态修复，达到增加生物多样性、防止水土流失、改善气候和涵养水源的目的，并实现河流走廊的生态修复，达到增加生物多样性、防止水土流失、改善气候和涵养水源的目的。

4.2.22.3 效益分析

生态湿地的建设，不仅可形成城市水景观，还能净化空气，调节气候，美化城市环境，有效改善河流生态环境，形成“生态绿肺”，可为市民休闲观光、生态科普教育提供场所，为曲阜市建设国家级生态城市和国家环保模范城市奠定坚实基础。

曲阜市人工湿地水质净化及生态修复工程极大改善了曲阜市城区水系水质，对促进当地旅游经济健康发展具重要意义。

4.2.23 河南省济源市苇泉河污染治理和生态修复项目

4.2.23.1 项目概况

济源市“十三五”绿色发展（环境保护）规划征求意见稿中提出实施城市河流清洁行动计划，逐步消除市域劣Ⅴ类水体和建成区黑臭水体。加大蟒河流域水污染防治力度，确定重点控制区域，建立区域内控制单元，分类开展重点防治。到2020年蟒河曲阳湖、沁河五龙口、沁河伏背、黄河小浪底水库南山点位及黄河小浪底断面水质达到《地表水环境质量标准》（GB 3838—2002）Ⅲ类，蟒河南官庄断面达《地表水环境质量标准》（GB 3838—2002）Ⅴ类。

苇泉河是蟒河的支流之一，位于济源市城区东南部，河流发源于轵城镇小刘庄，由南向北流，途经国电豫源电厂后流向黄河大道，在第一行政区西边位置改为向东流，途经升龙城小区、职业技术学院等，然后在207国道西汇入蟒河，沿途主要支流有泥沟河和双阳河，其中泥沟河是苇泉河重要支流之一。

苇泉河与泥沟河曾是沿线工厂、小区、学校污水及养殖场废水等的纳污河流，目前，河内垃圾、牲畜粪便等淤泥堆积，内源污染严重，水质恶劣。部分河段有水生植物自然生长，但物种单一，以水花生，野稗为主，间或生长野慈菇、红蓼和芦苇，结构单一，水质自净能力差，生态系统稳定性差。

苇泉河与泥沟河沿岸散排污水口众多，主要为生活污水和畜牧业污水。现所有畜牧业污水都已截流，沿岸散排生活污水具备接入市政污水管网条件的均要求纳入市政管网进济源市污水处理厂处理，无条件接入管网的需收集集中处理后再排入河，禁止非达标污水直排入河。第一行政区为沿线生活污水主要散排污水口之一，该区为新城区早期建设的办公区，室外排水管网为雨污混合流，末端管网铺设深度深于黄河大道后铺设的市政污水管网铺设深度，无法纳入市政污水管网，需收集后集中处理，其他主要散排污水口如桃源溪岸小区和升龙城等均由相关政府部门组织接入市政管网进行治理。

4.2.23.2 治理方案

(1) 项目工程措施

该项目主要通过以下 3 方面工程措施，对苇泉河进行了污染治理和生态修复。

① 10km 长度河道治理及生态修复，主要包括表面流湿地、溢流堰建设和湿地植物种植。

② 第一行政区 1 个污水处理站的建设，主要包括 A^2/O 一体化设备和生态土壤渗滤床。

③ 6 个标准化排污口的建设，主要包括梨虎路入河口排污口、南二环入河口排污口、上河桥入河口排污口、南环入河口排污口、行政区入河口排污口以及古轵生态园入河口排污口。

(2) 项目工程治理方案

具体治理方案如下。

① 工程范围内河道全长 10km，苇泉河常水位流量约 $500m^3/h$，河道水位均小于 1m，十分适合运用生态治理技术对苇泉河进行生态治理，采用了处理效果好、投资与运行成本相对较低、运行管理相对简单的表面流湿地，利用 $80000m^2$ 河道水域及可利用滩地建设表面流湿地。

工程根据河道的建设条件，在硬化河段用生态浮岛、人工水草、生态袋等多种建设模式，自然河道及滩地直接种植水生植物，力求既能最大限度发挥净化水质效益，又能与周边环境浑然天成。在东二环河滩地面积较大的区域通过在下游河道断面较窄处建设溢流堰抬高滩地水位构建表面流湿地，增大湿地面积，强化景观效果。

河道治理及生态修复工艺流程如图 4-17 所示。

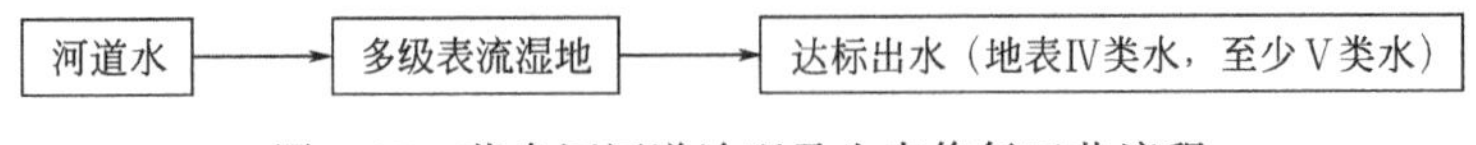

图 4-17　苇泉河河道治理及生态修复工艺流程

② 第一行政区生活污水经化粪池处理后直排苇泉河，是苇泉河周边生活污水散排口中水量较大的排放点，对苇泉河水质的冲击不容忽视，亟需处理。因第一行政区是济源市新城区早期建设的行政功能区，采用雨污混流排水方式，末端排水管铺设深度比黄河大道后建的市政污水管网管底低，无法重力自流纳入市政排污管网，只能采取动力提升的方式排入市政污水管网。鉴于苇泉河是季节性河流，旱季水量少，若沿线全部彻底截流，苇泉河旱季水量会更少，即便得到净化和修复，在缺水状态下也会影响生态系统的稳定性和河道景观，最终确定了将第一行政区生活污水集中收集就地处理达到《城镇污水处理厂污染物排放标准》(GB 18918—2002) 一级 A 标准后再入苇泉河，不纳入市政污水管网。第一行政区污水处理站的建设既能减少对苇泉河水质的冲击，其出水还能作为苇泉河的一股补充水源。

工程污水处理站主体工艺为“A^2/O+生态土壤渗滤床工艺”，处理规模为 $800m^3/d$，具体工艺流程如图 4-18 所示。

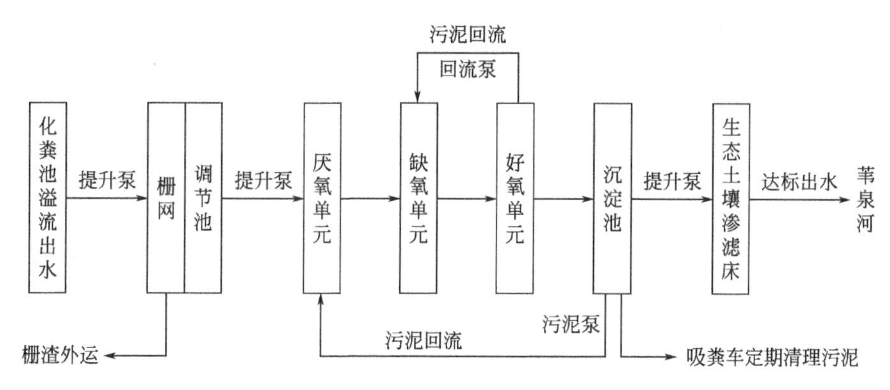

图 4-18　污水处理站工艺流程

排污口在测流量和测速区为矩形明渠，渠深小于 1m，设巴歇尔槽，并保证进入巴歇尔槽的水流平稳；标志牌设在污染源排放口附近且醒目处，并保证长久保留，可根据情况分别选择设置立式或平面固定式标志牌，排污口 1m 范围内有建筑物设平面牌，无建筑物设立式牌，在地面设置标志牌，上缘距离地面 2m。

4.2.23.3　效益分析

工程投产后，污水处理站年污染物削减量为 COD_{Cr} 70t，NH_3-N 9t，TP

1.3t，大大减轻了污水对苇泉河水环境的危害。河道表面流湿地的建设，利于苇泉河水质净化，提高河道水体自净能力，消除劣Ⅴ类水体，使水质主控指标达到Ⅳ类，恢复了河道生态环境，环境效益巨大。

济源市是全国文明城市，而水环境质量是城市的窗口之一，该工程建设大大地改善了济源市水环境质量，维护了济源市文明形象，提高济源市的经济增长力。

4.2.24 辽宁省沈阳细河黑臭水体治理工程

4.2.24.1 项目概况[57]

建设地点位于于洪区域内，细河自二环至三环段（于洪段），从揽军路立交桥到绕城高速；沈大边沟自李官立交桥至绕城高速下与沈大边沟和细河交汇。治理细河二环至三环段，治理河道总长 8.24km，其中细河干流 7.233km。

4.2.24.2 水体现状分析

根据 2016 年细河水质主要污染物监测结果（见表 4-17），细河二环至三环段水质属于轻度黑臭级别。

表 4-17 2016 年细河水质主要污染物监测结果表 单位：mg/L

月份	COD	TP	BOD_5	NH_3-N	DO
1 月	54	1.97	18.2	12.3	3.8
2 月	45	1.86	22	25.3	4.9
3 月	45	1.64	14	9.6	2.6
4 月	56	1.3	18.9	13.17	4.3
5 月	70	1.68	18.5	10.78	1.7
6 月	38	1.64	10.5	7.78	4.6
7 月	36	1.47	9.1	4.3	3.8
8 月	23	0.866	6.5	7.95	2.3
9 月	24	1.18	6.7	5.71	4
10 月	33	0.925	9.7	5.45	3.4

续表

月份	COD	TP	BOD_5	NH_3-N	DO
11月	38	1.37	9.7	3.99	5.7
12月	29	0.908	7.5	2.71	6.4
平均值	40.9	1.40	12.6	8.83	3.96

4.2.24.3　治理方案

根据对于洪区细河二环至三环段黑臭水体污染源和环境条件调查结果、污染源治理和该段水体的实际补水条件，采用的主要技术措施为控源截污、内源治理、岸带修复（生态修复）及生态净化等。

（1）控源截污

根据细河二环至三环段排污源分布，新建8条截污管道与现有市政污水管网连接，将排入细河二环至三环段的污水送至城市污水处理厂处理。截污工程实施的同时需接纳污水的污水处理厂均按标排放，以保证未来原位治理实施效果。

（2）内源治理

主要进行垃圾清理、生物残体及漂浮物清理、底泥处理和疏浚，具体治理方案如下。

1）垃圾清理　针对细河沿岸岸坡堆积垃圾，用挖掘机反铲清淘，对不会造成二次污染的垃圾清运至垃圾填埋场。

2）生物残体及漂浮物清理　该清理工作由人工乘小船进行，大边沟段进行岸边清捞维护。

3）底泥处理　所选水体净化剂是一种复合微生物菌种的环境净化剂，以有机物和病原菌作为养分，分解去除水底的氨、亚硝酸盐、硫化氢等成分，去除淤泥、净化水质和为水体增氧。

4）河底疏浚平整　细河（二环至三环段）河底疏浚横向以现状岸脚确定疏浚河槽宽度；河道纵向疏浚比降以天然河底比降控制，疏浚河段设计河底比降为0.4‰～1‰。

（3）岸带修复

河道迎水侧为行人提供2m宽亲水平台，平台以上设生态护坡（绿化带）及4m宽慢行路。为避免征拆和提升河道景观生态效果，亲水平台以下河道护岸采用亲水型挡土墙防护。

沈阳细河治理成效见文后彩图20。

4.2.25 伊通河吉林省长春城区河段排污支沟生态修复工程

4.2.25.1 项目概况[58]

伊通河主流发源于伊通县河源乡青顶子山北麓，是第二松花江的二级支流，饮马河的最大支流。流域面积8840km^2，河长342.5km，其中有232.5km流经长春市辖区。河床平均宽15～30m，比降0.3‰，多年平均流量为48.7m^3/s，多年平均径流量为5.48×10^{8}m^3。水系有一级支流10条，二级支流2条和三级支流2条。

4.2.25.2 水体现状

分析了新立城水库大坝（入长春市断面）、水厂小坝（入长春市区断面）及杨家崴子大桥（出长春市区断面）三个断面2012年水质监测数据。结果显示（见表4-18和表4-19），新立城水库大坝断面的水质指标单因子指数均小于1，表明水体未被污染，符合水质功能区水质标准要求；水厂小坝断面和杨家崴子大桥断面的单因子指数（砷除外）均大于1，表明水体已被污染，其水质已不符合Ⅴ类水质功能区要求。两断面的综合污染指数均大于25，水污染严重。水厂小坝断面的污染物主要以TN、NH_3-N和TP为主，其超标倍数分别为12.81、9.63和6.06，杨家崴子大桥断面的污染物主要以总氮和氨氮为主，其超标倍数分别为10.75、6.59（见图4-19和图4-20）。

表4-18 长春市三个断面水质分析结果[58]

断面名称	功能区水质	单因子指数							综合污染指数
		高锰酸盐指数	COD	NH_3-N	TP	TN	As	BOD_5	
新立城水库大坝	Ⅲ	0.74	0.82	0.35	0.20	0.71	0.04	—	2.85
水厂小坝	Ⅲ	1.24	1.83	5.06	6.42	8.85	0.06	1.95	25.39
杨家崴子大桥	Ⅴ	1.13	2.12	6.59	3.67	10.75	0.07	2.50	26.82

表 4-19　两个监测断面水质指标超标倍数[58]

断面名称	高锰酸盐指数	COD	NH_3-N	TP	TN	BOD_5
水厂小坝	0.03	0.75	6.06	9.63	12.81	1.18
杨家崴子大桥	1.13	2.12	6.59	3.67	10.75	2.50

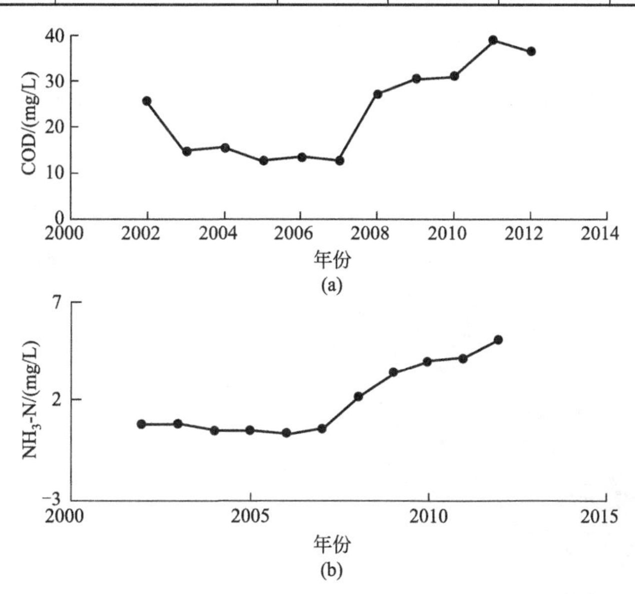

图 4-19　水厂小坝断面 COD 和 NH_3-N 的年际变化[58]

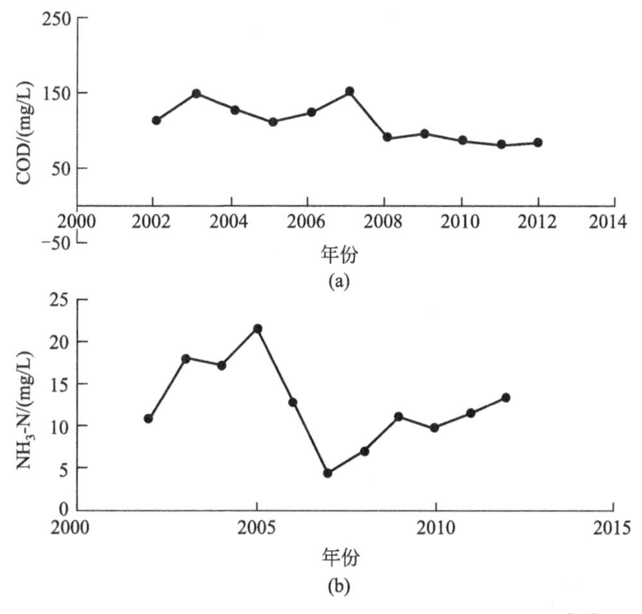

图 4-20　杨家崴子断面 COD 和 NH_3-N 的年际变化[58]

4.2.25.3 治理方案

为解决湿地处理面积不足而影响净化处理效果的问题，对支沟所排污水以人工湿地工艺为主，其他措施为辅的集成式生态治理工程。在工程设计上，沿水流方向设计“4 段式”阶梯治理模式，即沉淀截留段、湿地处理段、生物填料处理段和植物修复段，以减轻支沟对伊通河主河道的污染负荷，并与周围景观协调，改善其周围环境质量。

阶梯污水治理技术及采样点如图 4-21 所示。

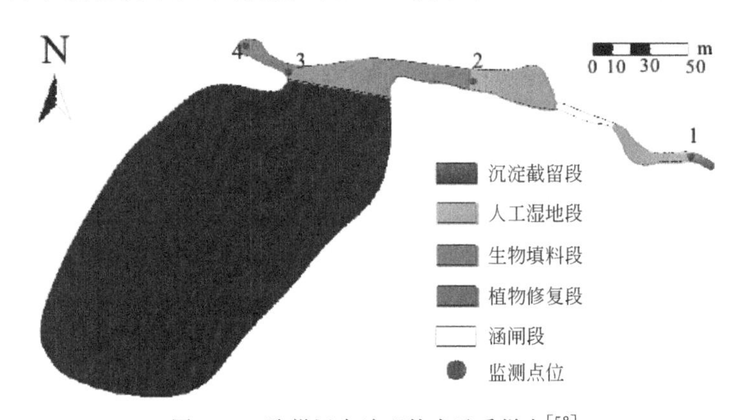

图 4-21 阶梯污水治理技术及采样点[58]

(1) 沉淀截留

沉淀池是降低污水中颗粒物的设施，是此段工程设计的主要内容。针对王帽屯沟输污明渠的现状，平流式沉淀为较适宜的设施。沉淀池对悬浮颗粒物的去除效率，通常可达 40%～60%。

(2) 人工湿地

将水平潜流湿地和表面流湿地串联，旨在符合河流规划要求，保证周围社区居民健康，强化污染物去除效果。水平潜流湿地位于涵闸段右侧，呈三级分布，以适应原有沟渠的弯曲状态。自由表面流人工处理湿地主要位于涵闸段的左侧，在水深小于 0.2m 的区域以 15～20 株/m^2 浓度栽种千屈菜，在水面中央放置宽 1m、长 40m 的浮床，浮床中以 30～36 株/m^2 的密度种植黄花鸢尾。湿地出水端设堰，以控制水力停留时间。

(3) 生物填料塘

生活污水经沉淀、湿地处理使污染物浓度降低后，将其引入池塘净化。为

强化池塘对污水的处理效果，在塘内悬挂阿科蔓生态基生物填料来创造微生物附着环境，该生态基表层的微 A/O 环境及其微孔结构，可为硝化、反硝化细菌及藻类创造适宜的生长条件。在渠道垂直于水流方向上布设 50 块生态基，在塘内与水流呈一定角度设置 50 条挂绳，在每条绳上每隔 2m 悬挂生态基 1 块。

(4) 植物修复

植物修复段选取芦苇、香蒲等为主要修复植物。植物修复段长 10m，宽 3m，最大水深 1m。

4.2.25.4 修复效果评价

图 4-22 是该生态修复工程各段不同处理措施后的水质监测结果。

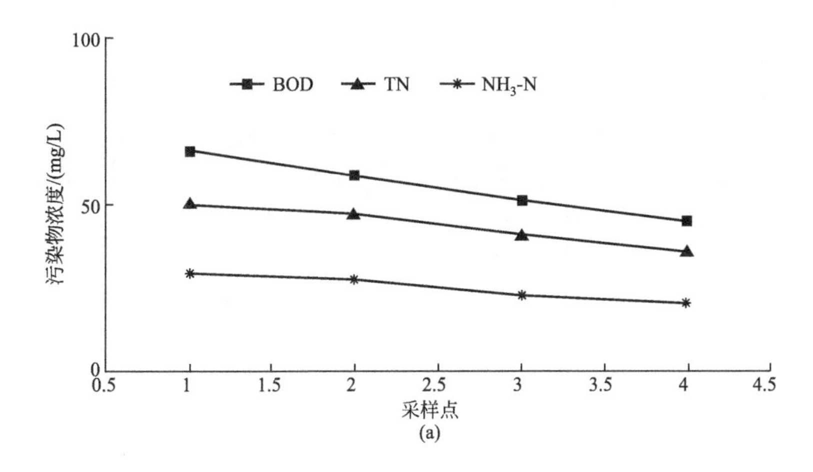

(a)

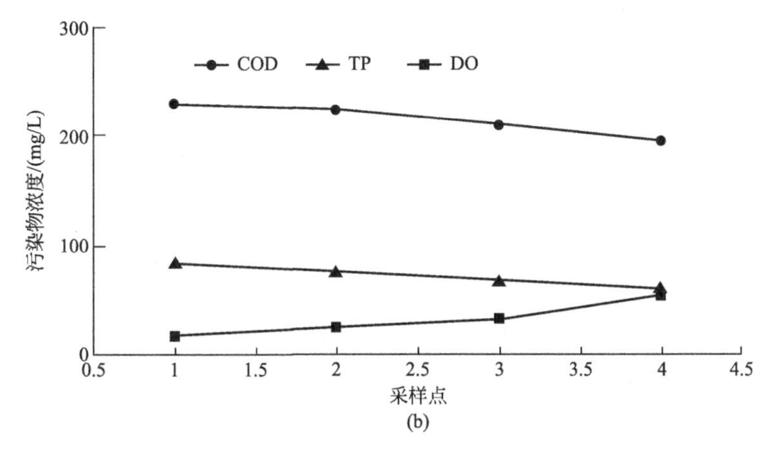

(b)

图 4-22 生态工程各段监测水质[58]

按采样点1、2、3、4的顺序，污水中NH_3-N、TN、TP、COD和BOD_5的浓度渐降、DO含量渐升。该生态修复工程整体对污染物的去除总量，人工湿地段（1—2）去除TP和BOD_5的贡献相对较高，生物填料段（2—3）对NH_3-N和TN去除率的贡献相对较高；植物修复段（3—4）对COD的去除、DO的恢复贡献相对较高（见图4-23）。该生态修复工程的设计，用沉淀截留、湿地治理、生物修复和植物修复集成技术的“4段式”阶梯治理方式，工程的实施运行改善了水质。

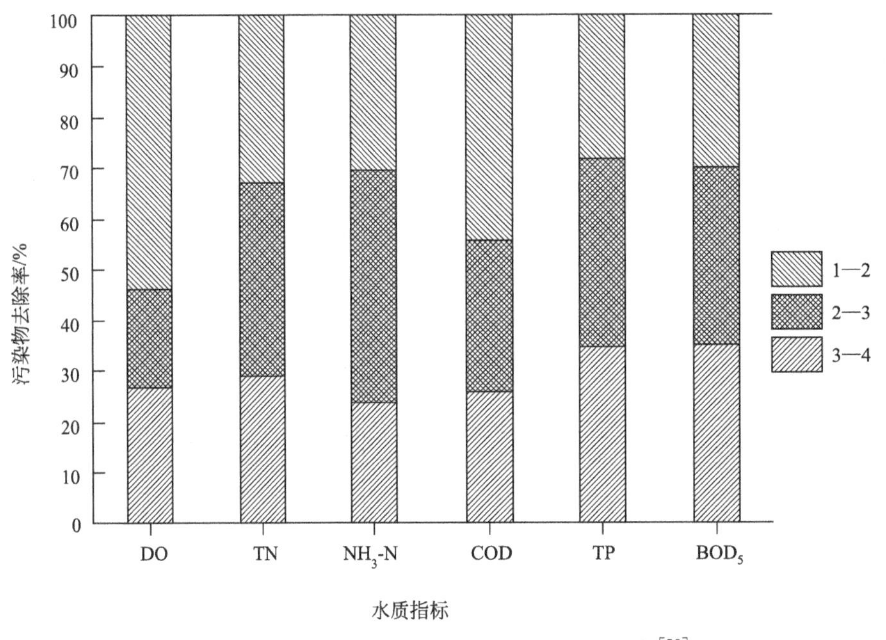

图4-23 生态修复工程各段对净化水质的贡献[58]

4.2.26 伊通河吉林省新立城水库段乡村面源污染控制修复技术及工程实施

4.2.26.1 项目概况[58]

研究河段位于伊通河新立城水库大坝至坝6.0km处。由于距离大坝较近，河流水质较好（见图4-24）。

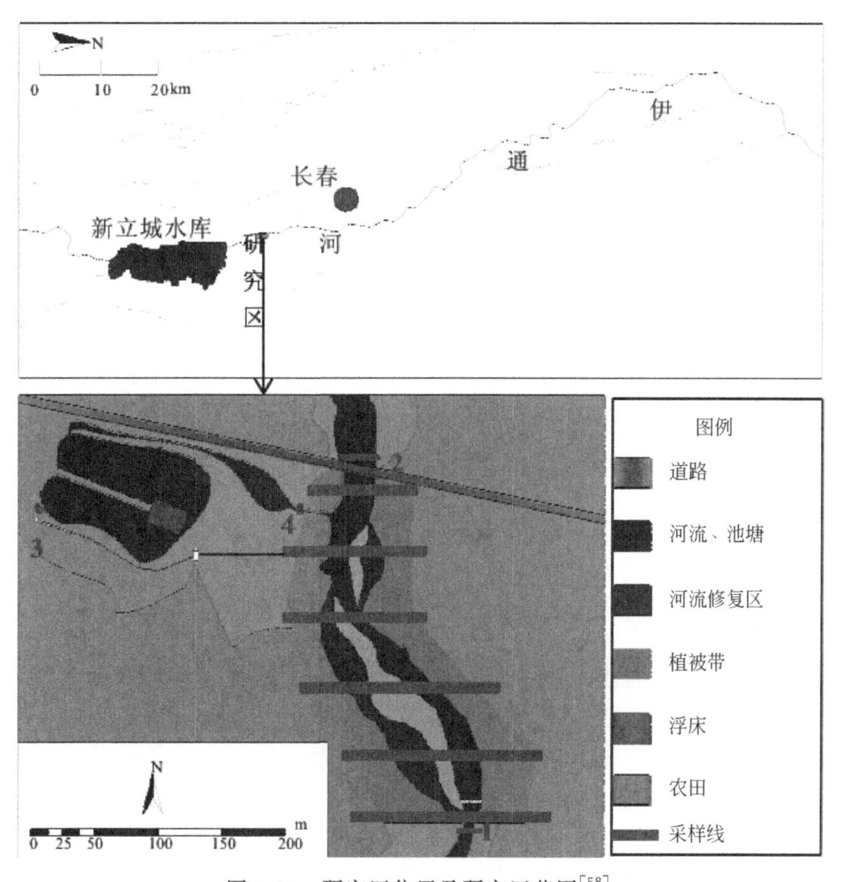

图 4-24 研究区位置及研究区范围[58]

4.2.26.2 水体现状

河流两岸地势平坦，农业种植业和养殖业发达，在农业生产过程中化肥的施用量大，平均为 696.9kg/（hm^2·a），以氮肥为主，且施肥方式主要是表面施用，不仅造成实际利用率较低，且未被利用的大量氮、磷通过径流进入伊通河。据估算，该区域氮、磷的年输入量分别约达 10534.27t、1132.42t，每年6～8月的输入量约占全年的 90%。

沿岸居民利用两岸低洼滩地挖塘进行水产养殖的农户较多，养殖水源以河水补充为主，鱼塘排水重回河道，加剧了河流水体的污染负荷。面源污染和渔业养殖是该河段水质变化的主要问题。因此，提高河流沿岸植被对面源输入的控制，科学利用水资源是本河段生态修复的重点，也是降低下游河段污染负荷的主要措施。

针对河流水体污染的生态修复，目前多注重河流生态系统结构调整，侧重微生境营建，如构建深潭和浅滩，为水生生物提供栖息空间，通过建跌水设施提高水体流速、增加水体活力等，这些措施都不同程度上提高了河流水体自净能力，改善了河流生态系统结构，一定程度上恢复了河流生态系统的健康。但河流生态系统有其特殊性，是连接陆地各生态系统的纽带，通过水分运动将流域内不同的生态系统连接起来，形成一个复杂、开放和动态的系统。当前，很多恢复性研究对此常有忽略，缺少对各系统间的联合作用，尤其缺少对河流生态修复与社会经济发展间协调性的考虑，在某种程度上限制了河流本身自净能力的发挥及其修复效果。

4.2.26.3 治理方案

基于以上认识，在乡村河段设计并实施了基于三系统耦合的河流水体污染修复生态工程，通过构建河岸带植被缓冲带、多功能生态鱼塘系统和河道内的微地形调整等生态修复技术，实现保护水环境和科学利用水资源的目的。

生态修复工程的最终目标是形成可持续的社会—经济—自然复合生态系统。

本生态工程包括以下几项。

① 河岸植被缓冲带系统。面积达 2.30hm^2，功能主要为过滤及截留两岸农田面源污染、维持河岸稳定和防止河岸侵蚀。

② 多功能生态鱼塘系统。面积约 1.2hm^2，它是以“生物操纵”为工作原理，能实现河道水质净化、鱼产品生产、蔬菜与水果产出等诸多功能的子系统，用于协调资源利用、保护与经济发展间的矛盾。

③ 微地形调整系统。面积达 0.7hm^2，是利用自然河道内形成的大面积滩地，通过微地形调整，连接河道滩地内自然形成的水泡及沼塘等，构筑相互具有水力联系的浅滩与深潭等湿地生境，增加河道水体滞留时间，提高河流自净能力，可为鱼类等水生生物提供多样生境。系统通过水力联系在各子系统间可实现相互促进、强化水质净化功能。

修复工程于 2009 年 7 月施工，2010 年 8 月完成。

基于三系统耦合作用的河流水体污染修复模式如图 4-25 所示。

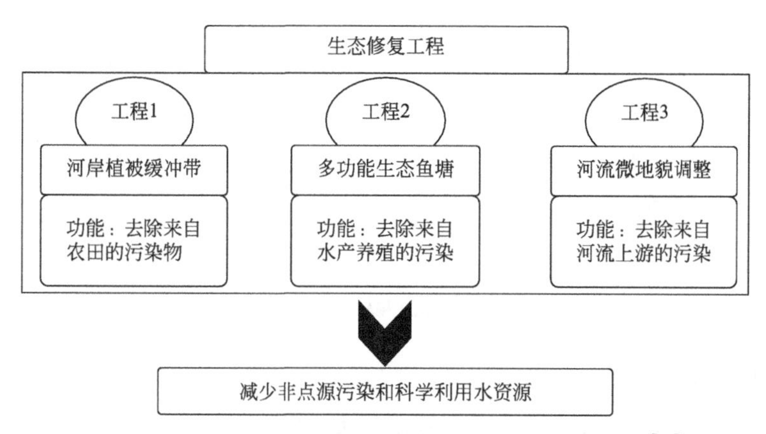

图 4-25　基于三系统耦合作用的河流水体污染修复模式[58]

4.2.26.4　修复效果评价

对位于研究地点入口（采样点 1）与出口（采样点 2）的水质，分别于河流修复工程实施前及工程完成后进行了采样分析（见表 4-20）。修复工程实施前在此段距离内有大量外源污染物输入，河流自净能力较差。三系统耦合工程实施完成后，下游出口处 NH_3-N、COD 及 BOD_5 的浓度较上游入口处有所降低，DO 含量增加，且 NH_3-N 的去除率达 66%，下降较显著（$p<0.05$）。

表 4-20　生态修复工程对污染物的去除率及修复前后对比[58]

项目	DO	COD	BOD_5	NH_3-N
工程前入口/(mg/L)	5.91±0.13(*n*=3)	16.57±1.41(*n*=3)	3.97±0.80(*n*=3)	0.07±0.02(*n*=3)
工程前出口/(mg/L)	5.69±0.20(*n*=3)	16.27±1.20(*n*=3)	3.99±0.72(*n*=3)	0.08±0.01(*n*=3)
去除率/%	—	1.81	−0.50	−14.29
工程后入口/(mg/L)	7.89±1.78(*n*=18)	22.85±2.68(*n*=18)	4.14±0.98(*n*=18)	0.29±0.03(*n*=18)
工程后出口/(mg/L)	8.53±1.34(*n*=18)	20.38±2.35(*n*=18)	3.84±0.84(*n*=18)	0.10±0.02(*n*=18)
去除率/%	—	10.81	7.25	66.29

分析了修复工程实施前后的浮游植物种类、清洁物种数及生物多样性，在生态修复工程实施前浮游植物种类共有 44 种，其中代表清洁物种的种类数只有 1 种，在修复工程实施完成后的 2 年内，河流系统中浮游植物的种类增加到 89 种，生物多样性呈增长态势，代表清洁物种的种类增加到 8 种，且在调查中尖针杆藻、美丽网球藻和浮胶刺藻等清洁种出现的频次增加（见表 4-21）。

表 4-21　生态修复工程前后浮游植物种类的变化

指标	生态工程修复前	生态工程修复后
浮游植物物种总数/种	44	89
生物多样性指数	0.54	0.62
清洁物种种数/种	1	8

参考文献

[1] 王同生. 莱茵河的水资源保护和流域治理 [J]. 水资源保护，2002 (4)：60-62.

[2] 李芳. 国外著名河流治理的成功范例分析及与苏州河治理比较 [D]. 上海：同济大学，2004.

[3] 许建萍，王友列，尹建龙. 英国泰晤士河污染治理的百年历程简论 [J]. 赤峰学院学报，2013，34 (3)：15-16.

[4] 苏颖，王韶华，李贵宝，等. 泰晤士河与淮河水污染治理比对分析 [J]. 水利科技与经济，2007，13 (8)：565-569.

[5] 倪进成. 莱茵河保护的国际合作机制 [J]. 水利水电快报，2008，29 (1)：5-7.

[6] 彭剑峰，宋永会，刘瑞霞等. 城市黑臭水体综合治理技术与管理研究 [M]. 北京：科学出版社，2017.

[7] 于一凡. 巴黎市区塞纳河滨水空间的整治与利用 [J]. 国外城市规划，2004，19 (5)：95-99.

[8] 王军. 韩国清溪川的生态化整治对中国河道治理的启示 [J]. 中国发展，2009，9 (03)：15-18.

[9] 曹相生，林齐，孟雪征，等. 韩国首尔市清溪川水质恢复的经验与启示 [J]. 给水排水动态，2007 (6)：8-10.

[10] 杨成立. 埃姆舍河流域治理模式对汾河治理启示 [J]. 山西建筑，2009，35 (31)：355-356.

[11] 易鑫. 从“后院”到“屋前花园”-埃姆舍河综合整治 [C]//《城市时代，协同规划—2013 中国城市规划年会论文集 (09-绿色生态与低碳规划)》. 2013.

[12] 施塔德勒 R.，陈桂蓉，张兰. 多瑙河流域跨界管理 [J]. 水利水电快报，2009，(9)：12-13

[13] 胡文俊，陈霁巍，张长春. 多瑙河流域国际合作实践与启示 [J]. 长江流域资源与环境，2010，(7)：739-744

[14] 吴保生，陈红刚，马吉明. 美国基西米河生态修复工程的经验 [J]. 水利学报，2005，36

(4)：473-477.

[15] 陈方鑫，卢少勇，王圣瑞，余宝昆，张正利，冯传平，我国城镇黑臭水体综合治理思路研究——以海口市为例 [C]//第二届全国水环境污染控制与生态修复技术高级研讨会暨中国环境科学学会水环境分会2017年学术年会，年会论文集，P308-309.(2017/3/23)

[16] “南宁那考河：活水循环绿两岸” [J/OL]. http：//www. scjst. gov. cn/news/center/show-895766. html (2015/10/28).

[17] 周孝，冯中越. 流域治理引入PPP模式探析——以广西省南宁市那考河建设项目为例 [J]. 城市管理与科技，2017，19 (1)：32-35.

[18] 刘改妮，季海波，王鹏腾，等. 广西南宁市那考河流域污染源解析及其治理措施 [C]//2016中国环境科学学会学术年会. 2016.

[19] 熊春艳. “PPP＋海绵城市”那考河华丽蜕变 [J]. 当代广西，2017 (10)：44-45.

[20] 梁雅丽. 那考河缘何实现华丽蜕变？ [J/OL]. http：//env. people. com. cn/n1/2017/0502/c1010-29249266. html (2017/05/02).

[21] 刘乐. 习近平：付出生态代价的发展没有意义 [J/OL]. http：//china. cnr. cn/gdgg/20170421/t20170421 _ 523718349. shtml (2017/04/21)

[22] 马巍，李锦秀，田向荣，廖文根. 滇池水污染治理及防治对策研究 [J]. 中国水利水电科学研究院学报，2007，5 (01)：8-14.

[23] 郭建宁，卢少勇，金相灿，等. 滇池福保湾沉积物不同形态磷的垂向分布 [J]. 环境科学研究，2007，20 (2)：78-83.

[24] 赵斌. 原位钝化药剂处理滇池福保湾污染底泥的中试研究 [D]. 西安：西安建筑科技大学，2008.

[25] 郜芸，卢少勇，远野，等. 扰动强度对钝化剂抑制滇池沉积物磷释放的影响 [J]. 中国环境科学，2010，30 (s1)：75-78.

[26] 廖振良，徐祖信. 基于水质模型的苏州河环境综合整治一期工程优化调整 [C]// 全国水动力学学术会议. 2003.

[27] 陈宗明. 上海苏州河的环境综合整治 [J]. 城市发展研究，1998 (3)：47-50.

[28] 上海市建设和交通委员会科学技术委员会，上海市苏州河综合整治建. 苏州河环境综合整治一期工程 [M]. 上海：上海科学技术出版社，2005.

[29] 朱锡培. 上海苏州河综合整治的主要经验 [J]. 交通与港航，2008，22 (4)：9-12.

[30] 刘鑫华，朱浩川. 苏州河支流污水截流工程设计介绍 [J]. 上海建设科技，2001 (2)：5-6.

[31] 胡维杰. 上海市石洞口城市污水处理厂设计 [J]. 中国给水排水，2003，19 (7)：68-71.

[32] 徐祖信. 上海城市水环境质量改善历程与面临的挑战 [J]. 环境污染与防治，2009，31

(12)：30-33.

[33] 陈伟，叶舜涛，张明旭．苏州河河道曝气复氧探讨［J］．上海环境科学，2001，27（5）：233-234.

[34] 张效国，匡桂云，顾珏蓉．苏州河环境综合整治二期工程措施研究［J］．上海建设科技，2003（4）：24-25.

[35] 华明，徐祖信．苏州河沿岸市政泵站放江特征分析［J］．给水排水，2004，30（11）：33-36.

[36] 李珍明．上海苏州河市区段防汛墙的加固改造［J］．中国水利，2010（18）：37-40.

[37] 迮秋华．浅谈苏州河市区段底泥疏浚方案［J］．上海水务，2007（2）：15-17.

[38] 陈荷生．苏州河城区段底泥疏浚的研究［J］．上海建设科技，2006（3）：25-26.

[39] 李珍明，蒋国强，朱锡培．上海市苏州河底泥疏浚分析［J］．中国水利，2010（9）：17-19.

[40] 网易探索．苏州河综合整治见成效：鱼类成群回归［J/OL］．wanyhttp：//news.163.com/09/0925/17/5K2UJ5C700013ONH.html（2016/10/05）

[41] 戴雅奇，熊昀青，由文辉．苏州河底栖动物群落恢复过程动态研究［J］．生态与农村环境学报，2005，21（3）：21-24.

[42] 朱浩，刘兴国，裴恩乐，等．大莲湖生态修复工程对水质影响的研究［J］．环境工程学报，2010，4（8）：1790-1794.

[43] 金鹏飞，张列宇，熊瑛，刘军，刘浩，张兰，王建新．上海外浜黑臭河道治理与生态修复工程［J］．给水排水，2008，44（S1）：63-65.

[44] 唐相臣．再生水对城市河道底泥中氮磷与黑臭变化的影响及修复方法的研究［D］．山东：青岛大学，2014.

[45] 陈银鸿，苏南河网地区某典型城镇河道水体污染与修复研究［D］．上海：华东理工大学，2010.

[46] 沙昊雷，章黎笋，陈金媛．常州市白荡浜黑臭水体生态治理与景观修复［J］．中国给水排水，2012，28（14）：74-78.

[47] 黄伯平，杨尚平，李晓慧．新加坡·南京生态科技岛河道生态修复案例［J］．给水排水，2016（s1）：75-78

[48] 徐玉良，张剑刚，蔡聪，等．昆山市凌家浜黑臭水体生物治理与生态修复［J］．中国给水排水，2015，31（12）：76-81.

[49] 姜伟立，吴海锁，边博．五里湖水环境治理经验对“十二五”治理的启示．环境科技［J］，2011，24（2）：62-64.

[50] 年跃刚，聂志丹，陈军．太湖五里湖生态恢复的理论与实践［J］．中国水利，2006，17：

37-39.

［51］ 赵丰，水培植物净化城市黑臭河水的效果、机理分析及示范工程［D］. 上海：华东师范大学，2013.

［52］ 李小平，黄小龙，刘剑彤. 生态修复改善城市湖泊水环境质量以常德滨湖公园水质改善与生态修复工程为例［J］. 环境经济，2016，(Z6)：69-71.

［53］ 黄金龙. 生态治理河道市场化管养实践［C］// 2015全国河湖治理与水生态文明发展论坛. 2015.

［54］ 程健华，王金坑，陈永金. 城市景观水体生态修复技术研究与运用——以厦门五缘湾湿地公园为例［J］. 广东农业科学，2011，38 (1)：000168-188.

［55］ 马楠. 通惠河（通州段）水环境状况及其生态护岸技术研究与分析［D］. 北京：北京建筑大学，2016.

［56］ “再来一大波！28个知名黑臭水体治理案例详解”［J/OL］. http：//www. h2o-china. com/news/view? id＝262582&page＝2

［57］ 沈阳市黑臭水体综合整治工程（细河二环至三环段）环境影响报告书

［58］ 米艳杰. 伊通河水体污染生态修复及效益评价［D］. 吉林：东北师范大学，2015.

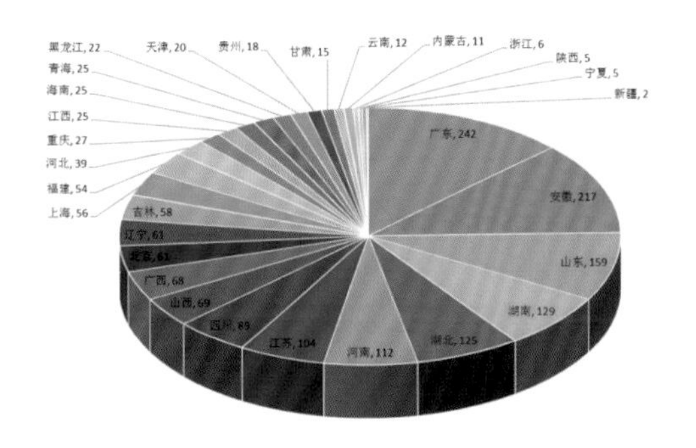

(a) 2016 年

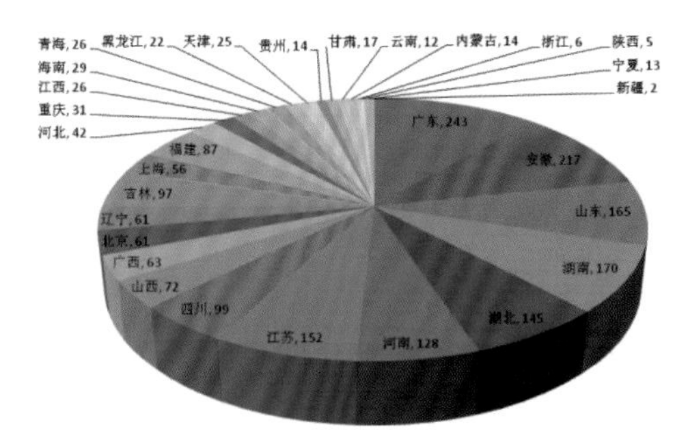

(b) 2017 年

彩图 1　国内城市黑臭水体省份分布图

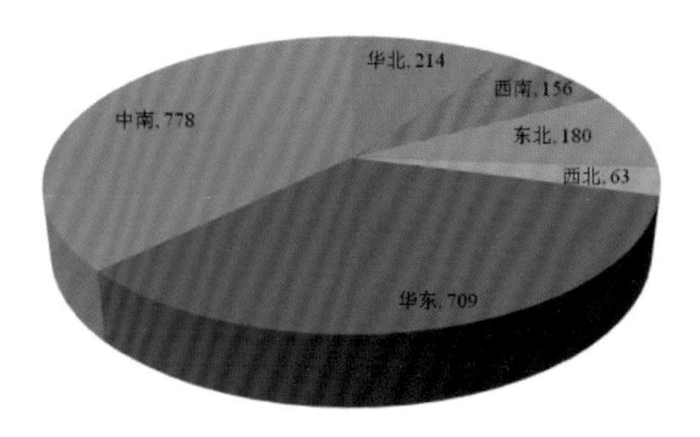

彩图 2　国内城市黑臭水体区域分布图（2017 年）

彩图 3　英国泰晤士河新貌

彩图 4 清溪川修复后的外观图

（a）治理前

（b）治理后

彩图 5 德国鲁尔区埃姆舍河治理前后对比图

（a）治理前

（b）治理后

彩图 6 奥地利多瑙河治理前后对比图

彩图 7　海口市东西湖修复后照片

（a）养殖污染

（b）污水直排

（c）淤泥积存

（d）硬质堤岸

彩图 8　海口市美舍河污染源与硬质堤岸

彩图 9　海口市美舍河治理后照片

（图片来源：http://www.sohu.com/a/285028867_657931）

彩图 10　PureBoat 系列微生物魔船

彩图 11　Pureoxy-II 系列喷泉曝气机

彩图 12　生态浮岛

彩图 13　淤泥异位再生技术

彩图 14　广西壮族自治区南宁市那考河修复后效果图

彩图 15　滇池修复效果图

（a）修复前

（b）修复后

彩图 16　凌家浜河黑臭水体工程治理前、后的水体对比照片

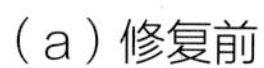

（a）修复前

（b）修复后

彩图 17　五里湖修复前后对比照片

（a）修复前

（b）修复后

彩图 18　玉缘湾湿地修复前后对比图

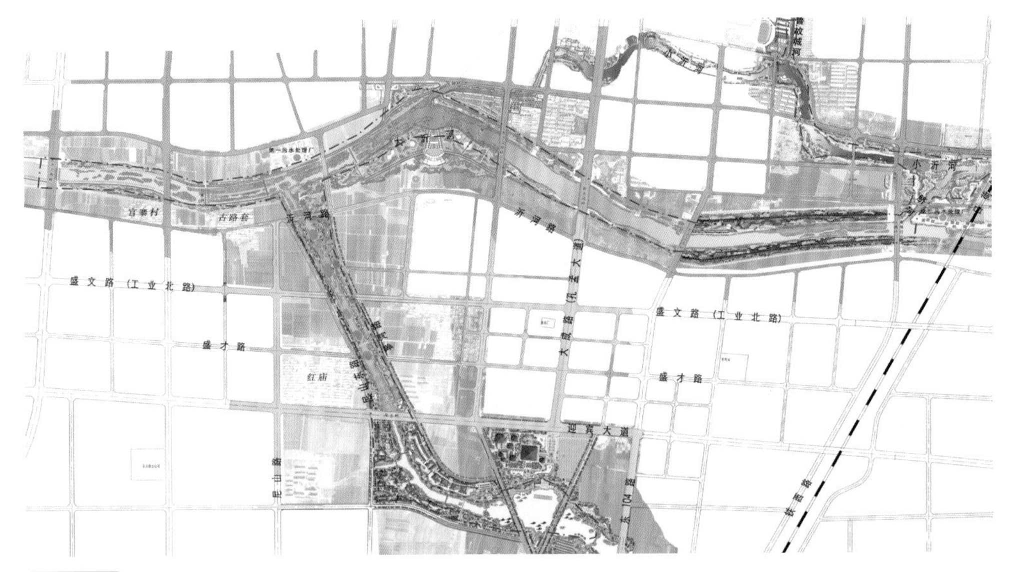

彩图 19　山东省曲阜市污染河水人工湿地水质净化及生态修复工程总体方案平面图

（a）治理前　（b）治理中　（c）治理后

彩图 20　沈阳细河治理成效